MARTIN HEIDEGGER

GESAMTAUSGABE

III. ABTEILUNG: UNVERÖFFENTLICHTE
ABHANDLUNGEN
VORTRÄGE – GEDACHTES

BAND 70
ÜBER DEN ANFANG

VITTORIO KLOSTERMANN
FRANKFURT AM MAIN

MARTIN HEIDEGGER

ÜBER DEN ANFANG

VITTORIO KLOSTERMANN
FRANKFURT AM MAIN

Herausgegeben von Paola-Ludovika Coriando

Satz: Mirjam Loch, Frankfurt am Main
Druck: Wilhelm & Adam, Heusenstamm
Gedruckt auf alterungsbeständigem Papier ∞ ISO 9706 · Printed in Germany
ISBN 3-465-03414-7 kt · ISBN 3-465-03415-5 Ln

INHALT

DAS VORWORT

I. DIE ANFÄNGNIS DES ANFANGS

DIE UNTERSCHEIDUNG
UND
DER UNTERSCHIED

DER ANFANG
ALS
UNTERGANG

II. DER ANFANG UND DAS ANFÄNGLICHE DENKEN
DAS ERDENKEN DES ANFANGS

III. EREIGNIS UND DA-SEIN

A. Das Ereignis

B. Ereignis und Ent-eignung

C. Da-sein
(Gemüt – Stimmung)
Menschen – Götter

D. Dazwischenkünfte (Inständigung in das Da-sein)

IV. DIE AUSLEGUNG UND DER DICHTER

A. Bemerkungen über das Auslegen

B. Der Dichter (Hölderlin) im anderen Anfang

C. Hölderlin-Auslegung

V. DIE SEYNSGESCHICHTE

GESCHICHTE UND HISTORIE

DAS VORWORT

Das versuchende Wort vom Anfang kann stets nur im Schein einer Darstellung bleiben und lautet oft wider seine Bestimmung wie ein Bericht.

Deshalb ist solchem Versuch als Titel gemäß nur die Überschrift:

Über den Anfang

Dieser Titel hat den Schein bei sich, als sei das Denken auch noch und schon »über« den Anfang hinaus; während doch dieses nie möglich ist und nie versucht sein kann.

Einstige kommen
Vom Seyn übernommen
Sie wagen
Das Sagen
Der Wahrheit des Seyns:
Ereignis des Anfangs
Zum Austrag im Abschied

Lernet danken
Und ihr könnt denken

*

Nicht ist umsonst
Alles ist einzig

*

Seyn – ein Ergebnis des Denkens?
Denken ist stets Ereignung des Seyns

I. DIE ANFÄNGNIS DES ANFANGS

1. Was sagt »Anfang«?

Aus einer aufgegriffenen Wortbedeutung läßt sich nichts herausdröseln. Und wenn dies auch gelänge, dann wäre das »Wort« doch nicht das Wort, das hier Wesentliches sagen soll. Das Wort ist hier die Sage der Wahrheit des Seyns. Also muß das Denken des Seyns das Wort sagen und rechtfertigen oder gar fordern, sofern das Seyn selbst in dieses »Wesen«, das Anfang heißen soll, zurückwinkt und mit dem Wesen dessen Wesung und Wesenheit bestimmt.

Das Denken des Seyns als Anfang denkt vor in das Wesen des Seyns als Ereignis. Beide Wesungen, Er-eignis und Anfang, gehören zusammen. Durch dieses Denken wird das »Seyn« als Wesenswort nicht ausgelöscht; wohl aber verliert es seinen ausschließlichen Vorrang, der vor allem in der Gestalt der metaphysischen Wesensprägung (»Seiendheit«) jede Wesensfrage nach dem Seyn selbst verwehrte, indem jenes Gepräge den Schein bestärkte, in der Gestalt der Frage nach der Seiendheit des Seienden (worin alle »Ontologie« sich erschöpft) sei alles Bestimmen des Seins enthalten.

Wenn der »Anfang« die Wahrheit des Seyns sagt, wie wissen wir dann vom Sein? Zunächst durch die Erinnerung daran, daß wir das Sein kennen und verstehen, ohne freilich von diesem Verstehen eine besondere »Kenntnis« zu nehmen. Das Verstehen von »Sein« ist wesentlich entfernt von einem Wissen des Seyns. Denn jenes Verstehen neigt stets dazu, das Sein aus dem Seienden zu erklären. Das Wissen des Seyns kann nur in einem Absprung aus dem Verstehen des Seins vorbereitet, jedoch auch dann nicht geradehin erlangt werden. Das Er-denken des Seyns in seinem Wesen bleibt für den Menschen das Schwerste und dies gerade aus Gründen, die sonst das Gegenteil vermuten lassen. Weil das Wesen des Menschen – allzu verborgen noch – im Bezug des Seyns zum Menschen hängt und schwingt, gelangt das Denken erst nur aus der Ferne in diesen einzigen Wesensbereich des Einzigen, das ist der Wahrheit des Seyns als Ereignis und Anfang.

Dem Wort nach meint Anfang zunächst soviel wie »Beginn«

und dieser meint eine ausgezeichnete Stelle und Phase in der Abfolge eines Verlaufs.

Wenn aber hier das Wort »Anfang« das Wesen des Seyns und die Wesenheit des Wesens nennen soll, wenn zugleich das Seyn sich nicht herleiten läßt aus Seiendem, und wenn das Seyn gleichwohl nicht das Absolute und Unbedingte ist, was nur von Seiendem ausgesagt werden kann, dann muß »Anfang« solches nennen, was in sich west und aus dieser Wesung doch gerade verwehrt, das Wesende wie ein bedingnisfreies Ding an sich zu nehmen. Das Seyn und sein Wesen als Anfang (Er-eignis) west (fängt an, er-eignet) außerhalb der Bezirke des Absoluten und Relativen und ihrer Unterscheidung.

Das Hinausdenken in dieses Außerhalb ist das eigentliche Denken und der einzige »wirkliche« Sprung.

Der »Anfang« ist daher nicht Anfang von einem Anderen; sondern dies Wort denkt hier das An-sich-nehmen und Auffangen dessen, was im an-sich-nehmenden Aus-langen er-eignet wird: die Lichtung der Offenheit, die Entbergung. Das An-sich-nehmen ist Entbergung und Verbergung zumal.

Der Anfang ist die Er-einigung dieses Einen. Der Anfang ist anfänglich das An-sich-nehmen der Verbergung und d. h. des Ab-schieds. (vgl. der Abschied). Der An-fang ist Er-eignis. Das Anfangen ist das Sichfangen und Sichauf-fangen im Ereignis selbst, als welches die Lichtung west, die durch den Schleier des Nichts überschleiert ist.

Der An-fang ist das Sich-auf-fangen in der Entgängnis zum Ab-grund.

Das Wesen der Entbergung, darin Verbergung ist als Bergung und Verhüllung, hat seine Auszeichnung darin, daß es das Seiende zu ihm selbst erstehen läßt und so das Seiende als solches aufnimmt; und als dieses Aufnehmende ist es Grund in dem Sinne, wie wir in »räumlicher« Hinsicht von Vorder-, Mittel- und Hinter-grund sprechen.

In der Einfachheit eines einzigen Entwurfs wirft sich das Wesen des Seyns als Anfang dem Wissen also zu:

Der An-fang ist An-sich-nehmen des Abschieds in den Abgrund.

Dies An-sich-nehmen ist die anfängliche Aneignung und daher Er-eignung der Anfängnis.

Der An-fang ist anfänglich und d. h. abgründig das Er-eignis.

Im anfänglichen Er-eignis fängt sich der Anfang selbst über seinem Abgrund auf und läßt diesen so allein als den Ab-grund in seine Tiefe stürzen und zu seiner Höhe steigen.

Das anfängliche Er-eignis aber hat sein volles Wesen erst darin, daß es, als Er-eignung austragend, die anfängliche Lichtung lichtet und so die Offenheit er-eignet. Solche Er-eignung ist die Dazwischenkunft der Lichtung als Zeit-Raum. Diese übereignet das Inzwischen (als Inmitten und Unterdessen) an das bis zur jeweiligen erst aus ihr wesenden Frist Nichtslose, was dann als das Seiende ersteht.

Aber dieses aufnehmende und bewahrende Gründen west nur so, daß der Grund selbst nicht mehr Grund ist und wesenhaft sich vom Grundhaften und stets abkehrt und sonach Ab-grund bleibt. Die Verbergung, darin die Entbergung west, ist Entgängnis in den Ab-grund.

Das An-fangen fängt den Anfang je anfänglicher an.

Diese »Steigerung« ist keine nach der Art des Seienden nach Graden und Stufen und Folgen. Sie ist anfanghaft und deshalb immer einzig; unstetig; ein Anfangen klafft gegen das andere.

Im Ereignis west das Sich-auf-fangen in die Klüftung des Abgrundes.

Das Seyn als Anfang und Ereignis hat einzig jenes Wesen, das erlaubt zu sagen: »das Seyn ist«. Alles Seiende ersteht nur in das Sein; das Seiende ist nie; sondern »ist« stets nur das Seiende.

Das Seiende ist nicht, sofern es beim »ist« sein Bewenden und d. h. hier den Anfang haben soll. Das Seiende ist nur als das Seiende; und das sagt: das Seiende gelangt zu Zeiten in das Sein, aber ist es nicht selbst.

Das Seiende bleibt so entschieden gegen das Seyn durch dieses von diesem unterschieden, daß dem Seienden nicht einmal eigen bleibt das Nichts; denn nur das Seyn hat die Wesung des Nichts.

Das Seiende ist das Nichtslose.

Im Seienden läßt sich der Anfang nie finden.

Der Anfang bestimmt sein Wesen nicht aus dem Fortgang, sondern der Fortgang ist eine Möglichkeit des Anfangs. Vom Fortgang aus erscheint der Anfang leicht im Schein des bloßen »Beginns«. Aber der Anfang west auch im Fortgang. Dieser ist nur anfänglich. Und darin beruht allein seine Geschichte.

Der Anfang ist je als Anfang. Die Einzigkeit zerklüftet sich in Anfänge und erreicht so allein das Einfache der Anfängnis. Die Rede von mehreren Anfängen ist richtig, weil sie bereits von außen kommt. Aber sie wird unwahr, wenn die Anfänge historisch aufgerechnet werden. Anfänglich denken, im Sinne der Anfängnis denken heißt eigentlich Denken, wenn Denken hier die Inständigkeit des Entwurfs des Seyns meint, der ein geworfener ist aus dem Wurf, der in aller Ereignung schwingt.

Wir ahnen den Anfang in der Erinnerung zur Wahrheit des Seyns und nennen diesen so erinnerten Anfang den »ersten Anfang«. Wir ahnen die Anfängnis und denken ihr gemäß vor in die Anfänglichkeit des Anfangs und ahnen so den »anderen Anfang«. Der »andere« soll er heißen, um nicht in das Zählen zu geraten und auch den ersten nicht mit der Nummer 1 zu belegen. Der erste ist der »erstmalige«, von dem alle Wesung des Seyns ausgeht. Der erstmalige Anfang ist »einmal«; er ist zugleich »einst« und »einzig«. Und deshalb in sich bleibend die Austragsamkeit der Lichtung, in welcher Austragung der Anfang den Abschied an sich nimmt.

Das Auslangen in den Abschied trägt zu diesem vor und erträgt dieses wesenhafte An-sich-nehmen des Abschiedes. Der Anfang trägt sich aus in seine Anfängnis und bringt so alles Entscheidbare in die Einfachheit der einen Entscheidung (entweder das Seyn oder das Seiende). Der Anfang ist Austrag.

Was dem Anfang zugehört, ist deshalb ausgetragen und reif.

Nur Anfängliches ist Reifes.

2. Die Anfängnis des Anfangs

(e.A.) Der An-fang – das Sichfangen über dem eigenen Ab-grund in die Ankunft der aufgehenden Verfügung.

(a.A.) Der Anfang – das Sichfangen über dem eigenen Ab-grund in den Untergang zum Abschied.

(e.A.) Das Sich-fangen als das Einholen und Auffangen der Entbergung.

(a.A.) Das Sichfangen als das Einholen der Seinsverlassenheit in die Ereignung.

Das Sichfangen über dem Ab-grund ist je ein verschiedenes Ab-gründen und dieses ein Verbergen als Bergen und Verhüllen der Offenheit.

Im ersten Anfang ist der Ab-grund das Ungegründete der Wahrheit des Seyns.

Im anderen Anfang ist der Ab-grund das Er-eignete des Untergangs.

Das Sichfangen über dem Ab-grund – deshalb Entbergung
deshalb Er-eignung

(Hier zeigt sich am ehesten der Unterschied zu Beginn u. dgl.)

Die Anfängnis der Anfänge ist die Weise ihres Anfangens, das seine eigene Reichweite und Fügung hat, weil ja der Anfang in sich das Wesen der Geschichte ist; denn als Anfang west die Wahrheit und der Austrag ihres jeweiligen Wesens.

Die Anfängnis ist je in jedem Anfang einzig. Es gibt keine Regel und kein Gesetz des Anfangs in dem Sinne, als waltete dieses »über« dem Anfang.

Die Anfängnis bestimmt und »ist« die Wesung des Anfangs.

Die Anfängnis des anderen Anfangs bestimmt sich aus dem Er-eignis.

Das Anfänglichere des ersten Anfangs
ist nicht das Frühere sondern ein Späteres.

Die Verhältnisse im Anfänglichen lassen sich nicht mit den Maßen des Seienden nachrechnen.

Und deshalb ist auch das Wesen der Geschichte niemals vom Historischen her, d. h. vom historisch Erkannten und Erfahrenen zu bestimmen.

3. Die Abgeschiedenheit des Anfangs

Wir können sagen, die Himmelskörper ziehen ihre Bahnen und »sind«, auch wenn niemand irgendje und irgendwo sie vorstellt. Das sagen wir. Aber *wenn* wir dies sagen, dann müssen wir auch bedenken, daß »dann«, wenn kein Vorstellen ist, auch kein »dann« und kein »wann« ist.

Also wird doch alles Sein durch den Menschen gesetzt und west von seinen Gnaden.

Das wäre voreilig geschlossen, wenn hier überhaupt ein Bereich ist für »Schlüsse« und »Deduktionen«.

Seiendes ist nicht ohne Sein.

Sein west nicht ohne Ereignung des Da-seins.

Da-sein ist nicht ohne Inständigkeit des Menschen.

Wie soll dann aber das Seyn unabhängig bleiben vom Menschen? Daß zur Gründung der Wahrheit des Seyns der Mensch gehört, sagt nicht, das Seyn hänge vom Menschen ab in der Art, als werde das Seyn durch den Menschen gesetzt.

Wie gehört also der Mensch zum Seyn?

Als der Inständige in der Lichtung, der den Zu-fall des Seyns in seine Wahrheit auffängt und in die Möglichkeit bewahrt, daß eine Welt sich füge.

Im ganzen Bereich der vorigen Frage wird sogleich das Sein als das Beständige genommen. Man kann sich das Sein nicht denken in seiner Anfänglichkeit. Man legt daher auch den »Wert« darauf, das Seiende in seiner Beständigkeit in sich sicher zu haben, gleich als sei es durch die unveränderliche Dauer am seiendsten.

Aber man vergißt zu fragen, mit welchem Recht denn dieser Anspruch an das Seiende gestellt und aus welchem Grunde das Sein der Beständigkeit gleichgesetzt werden dürfe.

Man hält sich ganz außerhalb der freilich befremdenden Möglichkeit, daß das Sein, nicht nur Seiendes, zeitweise nicht ist und dieses Nicht-sein so entschiedenen Wesens, daß es auch die Wesung des Nichts verwehrt. Dann müßte ja das Sein ganz in sein Wesen abgeschieden sein; denn Zerstörung und Beseitigung des Seins kann nicht statt haben, weil es auch nie hergestellt und zubereitet wird.

Allein ist nicht auch die Abgeschiedenheit dann noch eine Weise, in der das Seyn ist? Allerdings. Aber diese Abgeschiedenheit ist je die Entgängnis in die Einzigkeit des Abgrundes. Die Einzigkeit kennt nicht das Fortdauern. Sie ist je anfänglich und je die eigene, jeweils einzige Kluft. Das »Bleiben«, das dem Anfang eignet, ist nicht das Andauern, sondern die Abgeschiedenheit als Untergang in die Verbergung. Deshalb ist je der Anfang aus der Abgeschiedenheit ein Abgrund der Verschenkung, weil er noch die Gewähr des Wesens einer Schenkung verschenkt, die ohne das Nichts nie übereignen könnte.

Das Seyn als der Abgrund der Verschenkung stimmt die Inständigkeit des Da-seins in die anfängliche Grundstimmung des Denkens.

Das Seyn ist und nur das Seyn. Aber das Seyn ist zuzeiten, indem es selbst als Ereignung des Inzwischen die Lichtung als den Zeit-Raum aufgehen läßt. Es gibt keine »Zeit«, die dem Seyn vorausginge und nachfolgte und als Strecke der Einordnung dienen könnte. Das Zeitlose ist nicht das Ewige, sondern die Abgeschiedenheit des Anfangs in die Verbergung. Dies ist die Verweigerung des Wortes.

Die Jähe des Anfangs und des Ereignisses entspricht der Klüftung des Abschieds in die Einzigkeit der Verbergung.

Das technische und, was gleichen Wesens ist, das historische Rechnen hat uns jeden Vermögens beraubt, die Zeit als Zeitraum aus der Wahrheit des Seyns und die Wahrheit selbst als Ereignis des Anfangs zu denken.

Weil das Seyn ist und weil nur das Seyn ist, das Seyn aber vom Wesen des ereignenden Anfangs, deshalb muß das Seyn auch nicht sein. Solange es nicht ist, ist weder Zeit noch auch das Nichts; denn das Nichts west im Seyn und Zeit ist die Wesung seiner Wahrheit. Deshalb kann auch keine Dauer gezählt werden, während der das Seyn in die Abgeschiedenheit entgangen. Deshalb läßt sich das Nichtsein des Seyns historisch nie feststellen. Aber es muß als Wesensentscheid gedacht werden mit dem Verzicht, es zu bestimmen. Dies aber erhöht nur das Befremdliche der Jähe des Seyns, die sich gern im Andauern des Seienden versteckt. Die Jähe ist der Grundzug der Zeit des Zu-wurfs, in dem Seyn den Menschen er-eignet. Dem Erwachen des Wissens vom Seyn als dem Anfang bieten Technik und Historie die zunächst unerschütterten Schranken.

Das Seyn ist der Anfang.

Die Anfängnis ist das An-sich-nehmen und An-sich-halten des Eingangs in den Abgrund und das Sichfangen in die Schwebe des Inzwischen.

Das Anfangen ist die Verbergung in den Abschied.

Diese Verbergung ist die anfängliche Wesung der Wahrheit.

Wahrheit ist Er-eignung des Da-seins.

Die Er-eignung gehört in das Er-eignis.

Das Er-eignis ist die Anfängnis des Anfangs, sofern dieser sich gegen das Seiende als das anfänglich Nichtslose scheidet und in solchem »gegen« das Seiende in das Da aufstehen läßt. Das Ereignis ist das Seyn.

4. »Anfang« und »Ereignis«

Wenn das Seyn »Anfang« ist und »Ereignis« und wenn dieses Sagen sein hier gesagtes »ist« gleichfalls aus dem Anfang und Ereignis bestimmtsein lassen muß, dann bietet dieses Sagen doch sofort eine große Schwierigkeit.

»Anfang«, »Ereignis« sind Namen der »Bewegung« und des »Werdens«. Man könnte versucht sein, alles Sagen über das Seyn auf den »längst gesagten«, jedenfalls nach der Meinung der Historiker gesagten Satz zurückzubringen: »Sein ist Werden«. Diese Mißdeutung des seynsgeschichtlichen Denkens bleibe jetzt auf sich beruhen. Selbst wenn sie im Recht wäre und gerade dann, erhöbe sich diejenige Schwierigkeit, die zu durchdenken jetzt nötig wird. Das Seyn ist hier überall nur »formal« und »leer« bestimmt, d.h. gar nicht bestimmt. Denn überall regt sich die Frage: »Was« fängt da an? »Was« ereignet sich?

Gibt es denn einen »Anfang«, ein Ereignis, da »nichts« anfängt und nichts sich ereignet?

Diese scheinbar berechtigten Fragen gleiten unversehens in die Metaphysik zurück; genauer gesagt: sie kommen noch aus ihr her. Sie »denken« zunächst ein Seiendes, sie fordern vom Sein, daß es die Seiendheit dieses Seienden sei; also der Anfang eines Anfangenden, das Ereignis eines Ereigneten. Wieder sieht sich das »Denken« vor den Allblock des »Seienden« gestellt und soll dann auf die Seiendheit dieses Seienden abstrahieren.

In Wahrheit aber ist das Ereignis nicht die Leerform des Allgemeinen zu mancherlei Ereignetem, das das Seiende sein sollte. Das Ereignis meint hier nicht ein »Vorkommnis«, das sogleich im Vorkommenden untergeht und wie eine Phase eines Verlaufs auftaucht und verschwindet, wobei dann der Verlauf doch das Erste wäre.

Das Ereignis ist in sich von eigener Wesensfülle. Es er-eignet, bringt die Lichtung des Inzwischen (Inmitten und Unterdessen), d.h. des Zeit-Raumes in das Eigentum des Anfangs. Das Da er-eignet das Ereignis. Das ereignete »Da-« ereignet sich, d.h. gehört in das Ereignis und ist deshalb das Da-sein. »Sein« »ist«.

Das Er-eignis aber, in dem das Eigentum und damit aller Reichtum des Seyns sich ereignet, ist wesenhaft reicher, denn jede denkbare Fülle von Begebenheiten. Schon die Frage, was da im Ereignis »sich« ereigne, bleibt hinter seinem Wesen zurück, sofern ja doch ein eigenes dies und das erfragt wird, irgend ein Seiendes, sei dieses ein endliches oder unendliches. Alles dieses aber bleibt unendlich unterschieden gegen das Er-eignis selbst, in dem erst und allein irgend ein Seiendes zu seinem Sein aus ihm selbst erstehen kann.

Die Einfachheit des Er-eignisses läßt es nicht zu, es anders denn aus ihm selbst zu denken und jedesmal das Wesen anfänglich zu denken.

Das Ereignis ist die Unterscheidung des Er-eignisses gegen das, was im Ereigneten zu seiner Offenbarkeit erstehen kann, gegen das Seiende.

Diese Unter-scheidung aber ereignet sich als der Anfang.

Und der Anfang ist nicht Anfang von etwas Anderem, als er selbst ist; der Anfang ist auch nicht der Anfang seiner selbst, als wäre da an ein Herstellen und Verursachen gedacht.

Der Anfang ist, gleich wesentlich wie das Ereignis, von eigener Wesensfülle seines Einfachen.

Der Anfang ist das An-sich-nehmen des Abschiedes.

Der Anfang ist Verbergung, deren Nächstes und Erstes sein muß die Entbergung, das Aufgehen bei noch völliger Verhüllung des Wesens des Da-seins.

Anfang und Ereignis sind in der Wesenseinfachheit mit der Entbergung und Verbergung und d. h. der Wahrheit.

Die »Wahrheit« ist des Seyns.

Die »Wahrheit« ist erst im Fortgang des Anfangs zur Metaphysik dann »in intellectu« und »in re«, »logisch« und »ontologisch« zugleich. Aber so ist das Wesen der Wahrheit nicht anfänglich.

Die Wahrheit selbst wiederum ist nicht das »Allgemeine« zum Wahren; sie ist das erste und einzige Wahre selbst.

Die Schärfe der Einfachheit der Einzigkeit des Seyns in seinem Wesen als Ereignis und Anfang werden wir erst zu denken vermögen, wenn wir überhaupt »denken«, das heißt: wenn wir den Sprung in das Nichts wagen dürfen, weil wir er-eignet sind in unserem Wesen vom Seyn selbst.

5. Seyn?

Die erste Klarheit auf dem langen Wege der »Seinsfrage« ist erreicht. Das Wissen besteht, daß »das Seyn« darin seine Fragwürdigkeit hat, nicht mehr das eigentlich, in seinem eigensten Wesen anfänglich-Erfragte zu sein.

Nicht als könnte es ersetzt werden, nicht als müßte die Seinsfrage zerbrechen. Das Sein bleibt das, was je und je gesagt wird, aber das Wesen des Seyns ist nicht das Seyn, sondern der anfangende Anfang. Aus diesem und als dieser fängt an und d.h. zugleich geht unter in sein Eigentum das Seyn. Hier fängt sich auf Jenes und fängt an in solchem Sichauffangen, was alles voreilige Meinen über das Sein bei seinem Anhalt am Seienden unter dem Namen des »Ansich« sucht (»Ding an sich« und alles, was durch diesen Namen gedeckt werden kann).

Seyn, das fängt sich selbst auf und geht in sein »Wesen« unter als der Anfang.

Aber der Anfang ist hier der anfangende, in sich untergehende Anfang, nicht der erst aufgehende und fortgehende: die ἀρχή. Der anfangende Anfang ist Er-eignis, ist Untergang in den Abschied. In der Vorsicht des vorbereitenden anfänglichen Denkens kann aber der anfangende Anfang erst nur der »andere« Anfang zum ersten genannt werden.

Das Denken des anderen Anfangs ist die Verwindung des Seyns. Das hier »Verwindung« Genannte läßt sich nur aus der Anfängnis des Anfangs begreifen: daraus, daß er in sich selbst zurücktreten, sich überfängt und im Abschied das Seyn wesen läßt.

Die *Verwindung* ist die Zulassung des Seyns (nicht erst des Seienden), welche Zulassung aber nicht in das Seyn und zum Seyn nur aufgeht, sondern, um Zulassung bleiben zu können, Untergang in den Abschied ist.

Die *Verwindung* deutet an, wie der Anfang als Er-eignis doch zur Armut des Abschieds entschieden ist, welche Armut freilich kein Mangel ist, sondern die Einzigkeit des Einzigen.

Das Seyn, das der Anfang verwindet, west nicht als ein Abfall und ein Mangel, wohl dagegen als das »Wesen«, das der Anfang selbst anfängt und angefangen hat.

Das Wesen der *Verwindung* klärt sich nur aus dem *Abschieds*charakter der Anfängnis und d.h. sie enthüllt sich nur im anderen Anfang.

(Aber die »Verwindung« kann zugleich eine Hilfe sein, um Einiges über das Wesen des ersten Anfangs zu vermuten, wo freilich andere Bezüge walten) (vgl. Anaximanderauslegung[1]).

Die Verwindung des Seyns und die Überwindung der Wahrheit des Seienden (d.h. der Metaphysik)

Die Überwindung der Wahrheit des Seienden ist nur eine Phase (ein Übergang) in der Geschichte des Seyns, die anfängt mit der zunächst lange verborgenen Verwindung des Seyns gemäß dem Wesen des Anfangs, der das Ereignis des Untergangs in den Abschied ist.

Der innerste Zusammenhang zwischen der Überwindung und der Verwindung gründet in dem Wesensbezug der Unterscheidung als des Unterschiedes zum Abschied.

In der Metaphysik liegt die Unterscheidung der Wahrheit des Seienden unerkannt zugrunde, sie fügt die Metaphysik in ihr eigenstes Gefüge und ist daher für die Metaphysik unfaßlich und daher auch gleichgültig.

Im anderen Anfang dagegen tritt der Abschied in die Lichtung der wesenden Verbergung, indem er das Stimmende wird für die Stimmung des Da-seins.

In der Metaphysik stellt sich das Seiende vor das Sein und gilt für dieses selbst.

Im anderen Anfang tritt sogar das Seyn, eigens als es selbst gelichtet (Ereignis), zurück in seine Anfänglichkeit.

[1] In: Grundbegriffe. Freiburger Vorlesung Sommersemester 1941. Gesamtausgabe Band 51. Hrsg. v. P. Jaeger. Frankfurt a. M. 1991², S. 94–123.

6. Seyn? Das Ereignis des Anfangs als des Untergangs in den Abschied

Erst in der Überwindung des Seyns selbst sogar ist die Überwindung der Metaphysik ereignet. Denn erst in der Überwindung des Seyns sogar wird der Grund der Möglichkeit des Beginns der Metaphysik verlassen. »Parmenides« ist der Übergang vom Seyn, das aber erst nur als ἀλήθεια aufgegangen zur Metaphysik (Sein als οὐσία und οὐσία als ἰδέα) bereitet.

Im ersten Anfang geht die ἀρχή auf, aber die Anfängnis fängt erst und nur an in der Innigkeit des Rückgangs. Allein gerade die ἀρχή, der Anfang als Verfügung der Verwahrung der Grenze und Entbergung west in die Richtung des Fortgangs vom Anfang. Anfängnis fängt an als Untergang. In der Anfängnis ist das Seyn untergegangen in die Verwahrung des Abschieds.

Im Wissen des Seyns als Ereignis ist das Seyn schon verwunden, aber nicht beseitigt. Es soll auch nicht beseitigt werden. Und dennoch fängt der Unterschied das Seyn auf in die Anfängnis des Untergangs und des Abschieds.

So bleibt im Übergang in den anderen Anfang noch langehin das Seyn das Gesagte. Und dennoch muß einmal der Schritt zur Verwindung auch des Seyns gewagt werden. Dann erst wird das Wort wahr: πἀντα γὰρ τολμητέον – Alles nämlich ist zu wagen, nicht nur das Seiende im Ganzen, nicht nur die Seiendheit, nicht nur das Sein, sondern sogar das Seyn.

Aber das Wagnis ist die Bereitschaft zur Verwindung des Seyns. Verwindung ist anfänglicher denn alle Überwindung, anfänglicher auch denn jede »Aufhebung«. Denn Verwindung ist zugleich Er-wesung des Seyns selbst in die Angefangenheit.

In der Verwindung des Seyns zur Anfängnis des Abschieds wird das Seyn gesagt und erfragt, damit die Erschweigung seiner Verwindung in den Anfang sich vollziehen kann.

Die Verwindung des Seyns enthält die Gewähr der eigentlichen, d. h. anfänglichen Frag-würdigkeit des Seyns. Die Verwindung ist nicht Entwürdigung des Seyns, sondern die letzte Würdigung.

Die Verwindung des Seyns, selbst ein seynsgeschichtliches Ereignis, wird man kaum verwechseln mit der scheinbaren Beseitigung des »Seins« durch die Ausrufung des »Werdens«. Abgesehen davon, daß diese Beseitigung des »Seins« erst ein Schritt der neuzeitlichen Metaphysik ist, die Beseitigung ist auch nur ein Schein einer vermeintlichen Überwindung des Seins. In Wahrheit vollzieht sich hier die Verhaftung an das in die Unfragwürdigkeit verstoßene Sein. Die Ersetzung des Seins durch das »Werden« (= das Leben = der Wille zur Macht) ist nicht nur keine Überwindung des Seins, geschweige eine Verwindung des Seyns. Diese Ersetzung ist nur die Verstrickung in das Seiende, welche Verstrickung sich selbst verkennt, aber zugleich noch sich verrät, sofern sie ja gerade das »Sein« im Sinne der Bestandsicherung des »Lebens« notwendig setzen muß.

Die Verwindung des Seyns dagegen schließt in sich den Eingang in die Innigkeit seines Wesens als des Anfangs.

Die Verwindung des Seyns bedarf der reinen Sage des Seyns selbst. Aber die Verwindung ist zugleich die Verwahrung des Seyns in den Untergang des Abschieds.

Darin liegt: in der Sage des Seyns ist das eigens Gesagte nicht das Seyn, sondern das Ereignis des Anfangs, der sich nicht mehr als Seyn ansprechen läßt.

Die Seinsfrage fragt erstanfänglich nach dem Sein des Seienden, ohne schon zugleich in die Frage, *»was«* das Seiende sei, zu verfestigen. Erstanfänglich ist das Sein erfragt und nur dieses, aber zugleich ist das Seiende genannt und bedacht. Aber die Unterscheidung bedeutet nichts. Das Sein ist gefragt nur um es selbst zu nennen, aber hier wird anfänglich nicht das Sein gesagt, sondern unkenntlich fast die ἀλήθεια und dann die φύσις.

Die Seinsfrage fragt seit Platon entschieden, was das Seiende sei. Die erstanfänglich anklingende, aber nicht entfaltete Frage nach dem Sein selbst ist aufgegeben, besser gesagt, nicht gekannt und so in keine Besinnung zugelassen.

Jetzt ist die Frage nach dem Wesen des Seienden und nach den »Wesenheiten«, die dann selbst wieder in einem höchsten Seienden untergebracht werden. Wird aber nach dem Wesen des Seyns gefragt, dann enthüllt sich alsbald, wie das Seyn sich in seine eigene Wahrheit zurückrettet und diese Wahrheit selbst als Seyn sich bestimmt. Das Seyn des Seyns ist dann nur der Name für die Anfänglichkeit des Anfangs, aus der die Verwindung des Seyns in den Abschied zur Notwendigkeit wird.

Schon das Seyn selbst ist für uns alle die aus der Überlieferung der Metaphysik herkommenden und in sie verklammerten Rechner schwer genug und kaum zu denken. Denn das Seyn fordert die Absage an den Beistand jeder Art von Entsprechung. Diese eilige Zuflucht, die sich das Seyn doch aus anderem erklären oder doch klären möchte, ist der eigentliche Fehlgang; denn dieses Andere zum Seyn ist stets nur das Seiende. Überdies aber duldet das Seyn nicht die Verlegung in das Entsprechende, da es selbst und nur es der Spruch und das Wort und das Stimmende ist.

Das Seyn kann nur selbst genannt werden, *es* ist selbst die Sage. Und das Schwere ist für den vielredenden Menschen, in einem wesenden Wort das Genügen zu finden für die Inständigkeit im Anfänglichen.

Das Seyn ist weder das Allermöglichende, sofern in der Ermöglichung sogleich der Bezug auf Wirklichkeit und Verwirklichung gedacht wird; das Seyn ist nicht das Unbedingte, aber auch nicht das Bedingte. Das Seyn ist nicht das Höchste und nicht das Niedrigste; das Sein ist nur das Seyn und dies sagt: der Anfang.

Schwerer noch als die Hörigkeit zum Seyn selbst und der Verzicht auf Entsprechungen aus dem Seienden ist nun aber die Verwindung des Seyns sogar in die Anfängnis des Anfangs.

Was diese Verwindung zumutet, ist ein Gemüt, das im Einfachen entschieden bleibt für das Einzige des Anfangs. Und gerade diese Armut des Gemüts ist es, was dem rechnerischen-metaphysischen Wesen am schwersten eingehen will, sofern diese Armut in sich schließt die Stetigkeit der Fülle des Anfänglichen, das uns in seiner Anfängnis warten läßt, aber warten nicht auf ein ankommendes Seiendes, sondern auf die Ferne des Abschieds.

Das Warten und die Wächterschaft ist kein Nichthaben und Ersthaben-wollen, auch kein »Haben« bloß, sondern ist die Gestimmtheit auf die Stimme des Stimmenden selbst, ist die Zugehörigkeit in das Anfangen, ist Würdigung der Würde, die allem als Anfang sich ereignet, ist das Nichtbedürfen der »Macht« und damit die Verabschiedung aller Seiendheit des Seienden.

7. Der Abschied

Das Wesen des Seyns ist der Anfang. Die Anfängnis des Anfangs ist der Abschied. Die Anfängnis ist das Ereignis des Untergangs. Der Untergang ist die Innigkeit der Anfängnis. Der Abschied ist die fernbleibende Ankunft des Verbergens der Verwahrung des Fortgangs im Anfang.

Der Abschied ist Ankunft, nicht in die Anwesung eines Vorhandenen, sondern anfängliche Ankunft, die in sich zurücktritt und ihre fernste Ferne innehält.

Das Wesen von Entbergung und Ereignis sind hier mitzudenken, um stets im Anfänglichen zu denken und nicht in das Vorstellen von »Abläufen« wegzugleiten.

Der Abschied meint hier auch nicht einen Verlust und Verzicht, er bedeutet nicht ein Verhältnis zwischen Seiendem, von diesem aus erfahren.

Heimisch im Seyn allein, vermögen wir ein Geringes von der Anfängnis des Anfangs zu wissen und den Abschied zu denken.

Der Untergang in den Abschied scheint voller Negativität zu sein, wenn wir metaphysisch denken. Er ist doch der Anfang, wenn wir seynsgeschichtlich das Seyn erfragen.

Das Ereignis des Anfangs ist der Untergang.

Der Untergang ist der Abschied.

Der Abschied ist die Innigkeit des anfänglichen Er-eignens, das im Abschied reines Dichten ist, welches Dichten anfänglich bleibt vor aller Dichtung der »Dichter« und Denkungsart der »Denker«.

Der Abschied ist die Verbergung des Anfangs in die Innigkeit seiner ereignishaften Anfängnis.

Die Überwindung der Metaphysik (der Wahrheit des Seienden) ist das seynsgeschichtliche Vorspiel der Verwindung selbst des Seyns.

Der Untergang des Seyns in die Anfängnis des Abschieds.

Das Ereignis des Anfangs ist der Untergang in den Abschied.

Untergang und Abschied sind nicht »Negativa«, sondern die Anfängnis der Innigkeit des Anfangs.

Im Sagen, das in seynsgeschichtlicher Herkunft das Ereignis des Anfangs sagt, waltet die »Ent-sprechung«.

Die Sprache entstammt dem Abschied.

Die Sprache antwortet dem Anfang.

Die Ent-sprechung ist zwiefach.

Und weil hier die Sage des Abschieds ist, deshalb muß aus dem Nächsten und Übernahen der gewohntesten Habe gesprochen werden.

Das Sein in der Habe der »Unterscheidung«.

Die Unterscheidung – der Abschied.

Der Abschied ist der Untergang der Entbergung unter die Bergung der Würde, die als Innigkeit der verwahrenden Ankunft in der anfänglichen Ferne zurückbleibt und den Anfang in seine Einzigkeit aufbehält.

Im Abschied erst fängt die anfängliche Anfängnis des Anfangs an. Hier bedarf es keiner Wirkung und nicht der Beursachung.

Der Abschied übereignet Jedes in sein Eigenes und läßt es in diesem zurück und gewährt so das Erstehen dem Seienden aus ihm selbst.

Alle Erständnis des [Seienden] zu Seiendem ist Er-eignis.

Der Abschied ist nicht Ende und Aufhören, aber er ist das Letzte des Anfangs, wodurch er in sich selbst zurücktritt und die Anfängnis in sich auffängt, um nur noch rein anzufangen und nur dieses.

Das »Letzte« des Anfangs ist nur die Anfänglichkeit seines Ersten, d.h. der Verbergung. Im Abschied fängt die Verbergung selbst an und Entbergung kann jetzt erst ein Geschenk sein, dessen Gabe den Reichtum des Einzigen nie mindert.

Im Abschied fängt der Anfang sich auf in seine Würde und schwingt aus in die Einzigkeit der Stille, für die nicht Zeit und nicht Ewigkeit mögliche Maße sind, da die Einzigkeit keine Messung duldet und nicht der Dauer bedarf, um sich einen Bestand zu sichern.

Aber aus dem Seienden erklärt und gerechnet, ist das untergängliche Wesen des Seyns, das im Abschied seine anfängliche Würde sich aufbewahrt, das völlig Sinnlose. Könnte die Metaphysik und die Weltanschauung sich dahin aufraffen, das Seyn als das Sinnlose auszurufen, dann würden beide dadurch doch noch jene Nähe zum Seyn erlangen, die ihrer Seinsvergessenheit zugestanden bleibt. Freilich kann diese Verwerfung des Seyns das Seyn selbst nie treffen.

Alle Metaphysik ist unfähig des Abschiedes und d.h. unvermögend des Anfangs.

8. Anfang und Schleier und Ereignis

Der Schleier im Anfang ist, daß er als An-fangen den Abschied an sich holt und zum voraus innehält, jedoch so, daß dies als Aufgang aufgeht und die Verbergung durch den zugelassenen Vorrang der Entbergung verhüllt wird. Die Überschleierung des Anfangs gehört in die Anfängnis.

Die Überschleierung gibt einen Wink in das anfängliche Wesen der Unterscheidung des Seyns zum Seienden.

Die Überschleierung ist die innigste Verbergung.

Zum schleierhaften Wesen des Seyns gehört auch das »Nichts«. Das Nichts als das in der Unterscheidung beschiedene Inzwischen gehört in den Anfang. Denn dieser ist Er-eignis und dieses ist die Dazwischenkunft des Inzwischen.

9. Anfang und Aufstand

Das Er-eignis ist als Dazwischenkunft des Inzwischen die Hervorrufung des Nichtslosen in das Sein, um als das Seiende zu sein. Das Seiende steht so zu ihm selbst auf. Indem es dem Sein übereignet wird, eignet es sich dieses an dergestalt, daß das Seiende fortan sich als das gibt, was das Sein in sich trägt und vorbringt, was deshalb auch Maß und Boden der Bestimmung des Seins werden muß, das sich damit schon zur Seiendheit gefügt hat. Das Seiende steht so gegen das Sein (als Er-eignis) auf. Dieser Aufstand ereignet sich aus dem Anfang und gehört zu ihm, der auf die Gefahr eingeht, daß aus diesem Aufstand die Verschüttung der Wahrheit des Seyns sich einrichtet. Diese Gefahr hat ihre Schärfe darin, daß sie sich verhüllt im Schein, als werde doch so erst das Sein in seine Würde gebracht. Diesen Schein betreibt die Metaphysik.

10. Das Seyn als Bleiben

Seitdem das Sein sich entborgen als Anwesung, verlegt sich sein Wesen auf die Beständigkeit.

Und seitdem fast gleichzeitig das Nichtseiende als das Wechselnde erschien, mußte das Sein als Bleiben begriffen werden. Die theologisch-kausale Auslegung des Seienden tat das Übrige und setzte als das Eigentliche des Seienden das Ewige an.

Ob man später dann das Sein gegen das Werden nachsetzte oder ihm den Vorrang ließ, jedesmal behält es fortan das Bleiben als die auszeichnende Bestimmung.

Aber das Wesen des Bleibens ist zweideutig; schon in der Anwesung liegt das Zwiefältige, ob sie als Aufgang übergänglich zur Entgängnis genommen oder als Angekommenheit in die Beständigung des Vorliegenden verfestigt wird. Wird die Anwesung vom Aufgang her anfänglich bestimmt, dann kann im ersten Anfang das Bleiben keine Begründung erfahren, weil der erste Anfang noch die Anfängnis verhüllt. Wenn aber die Anfängnis des Anfangs als Wesensgrund des Bleibens gedacht wird, dann ist das Bleiben das Nichtverlassen der Anfänglichkeit und bestimmt sich nicht durch das Dauern und das Fortwähren. Im Gegenteil: gerade das *Nicht*-Fortgehen aus dem Anfang und die Innigkeit im Einzigen der Seltenheit des Anfangs ist seine Auszeichnung. »Das Bleiben« so gedacht, wird dann wider alle metaphysische Gewöhnung geschichtlich gedacht.

Inwiefern Hölderlin in seinem Wort von der Stiftung dieses seynsgeschichtliche Bleiben meinte, inwiefern er nicht doch das metaphysisch begriffene Beständige dachte und suchte, läßt sich kaum entscheiden.

Mit der Verwindung des Seyns verliert »das Bleiben« als Wesenszug des Seyns das Gewicht. Aber es wäre fehl gedacht, wollte man daraus entnehmen, daß jetzt nur das Bestandlose »bleibe«; denn auch dieses gehört als Gegenwesen zum Bleibenden und hält sich außerhalb des Anfänglichen.

Allein über dieses »Bleiben« zurück muß noch das anfängliche Wesen des Bleibens er-dacht werden.

Das metaphysische Wesen des Bleibens bestimmt sich aus der Anwesung. Diese verhüllt bereits den Aufgang und die Entbergung und damit die Anfängnis des Anfangs.

Das anfängliche Wesen des Bleibens besteht im Rückgang in den Anfang, im Abschied. Dieser ist das innigste Nicht-fort-gehen aus dem Anfang, weil der Abschied jeden Anfall eines Fortgangs hinter sich gelassen hat.

Diesem anfänglichen Bleiben entspricht allein die Inständigkeit des Da-seins.

Das anfänglich Bleibende ist der Anfang selbst als das An-sich-holen des Abschieds.

Jeder Sinn von »Dauer« verliert hier sein Gewicht.

11. Die Unerklärbarkeit des Seyns

Sie eingestehen, heißt den Anfang wissen und den Abschied. Die Anfängnis ist der Grund für den Dichtungscharakter des Seyns.

Der Abschied ist der Grund für die Wirkungsunbedürftigkeit des Seyns in Bezug zum Seienden.

Dieses anfänglich-abschiedliche Wesen des Seyns, das so sein »Wesen« selbst in die Wesenheit als Anfang und Abschied zurücklegt, bleibt allem metaphysischen Denken unzugänglich. Die Seiendheit als Wille zur Macht, deren Wesen in der Machenschaft sich noch versteckt hält, ist durch einen Abgrund getrennt vom Seyn.

Aus dem Willen zur Macht und aller Bestimmung des Seins als Wirklichkeit ist das Seyn nie auch nur zu ahnen, geschweige denn zu wissen, daß sogar das Seyn noch in die Verwindung eingeht, um in der Innigkeit des Anfangs seine Bergung zu finden.

Das anfängliche Wesen des Seyns bringt die Frage nach dem Bezug des Seyns zum Menschentum und zur Gottschaft in einem ganz anderen Bereich.

12. Das Ereignis des Anfangs und die Ortschaft des Menschenwesens

Die *Ort*schaft des Menschen*wesens* ist das Wo, das diesem Wesen zugewiesen wird, wenn es ihm selbst übereignet ist, sofern dieses Wesen durch den Bezug zum Sein bestimmt worden.

Die Übereignung ist die Zuweisung in den Anfang als Anfang.

Die Ortschaft, das Wo, ist das *Da-sein.*

Das Da-sein ist als Sein selbst ereignishaft und nicht ein »Seiendes«, in das erst das Seyn einfällt. Das Da-sein gehört zum Seyn; aber nie ist Seyn von Gnaden des Da-seins; gleichwenig ist das Da-sein von Gnaden und der Art irgend eines Menschentums.

13. Das Sein und der geschichtliche Mensch

Der geschichtliche Mensch ist jener, der in einer Wahrheit des Seienden steht und damit obzwar unwissend die Wahrheit des Seins in Anspruch nimmt.

Das Sein zeichnet den Menschen als geschichtlichen aus.

Das Sein nimmt in der Weise des ereignishaften Zu-falls die Dazwischenkunft des Menschen in Anspruch und zwar notwendig. Gleichwohl wird das Seyn nicht vom Menschen abhängig oder gar nur dessen Gemächte im Sinne der Gegenständlichkeit menschlichen Vorstellens.

Im Seyn west der Anspruch auf den Menschen als den Wächter der Wahrheit des Seienden.

Sein ist wesenhaft Wort – als Er-eignis und d. h. als Anfang.

Sein ist Anfang und hat sein Wesen in der Anfängnis.

Durch diesen wesenhaften Bezug des Seins auf den geschichtlichen Menschen wird das Seyn nie anthropomorph, weil ja der Bezug nicht darin besteht, daß der Mensch, irgendwie für sich genommen, das Sein anfertigt. Das Wesen des Menschen wird vielmehr durch das Sein als ihm zugehörig bestimmt, worin man eine Abhängigkeit des Seins vom »Menschen« sehen könnte, insofern das Seyn des Menschen bedarf – aber es bedarf des Menschen als eines geschichtlich seienden und so seiend ist er nur im Zufall des Seyns.

Jedes Rechnen auf Abhängigkeiten, das stillschweigend schon einen vorhandenen »Menschen« und ein »Sein an sich« unterstellt hat und nun entweder den einen oder das andere zu ungunsten des Anderen bevorzugt, jedes dialektische Hin und Her in einem sonst nicht weiter begründeten oder für »gewiß« gehaltenen Bezirk der Vorstellbarkeit, – dies hat hier nirgends einen Anhalt. Hier muß alles verabschiedet werden, was der metaphysischen Denkart zugehört. Hier muß aus dem Anfänglichen gedacht werden. Und dies verlangt stets wieder den Verzicht auf die naheliegende Auskunft, mit Hilfe des Abkünftigen Anfängliches zu erklären.

Im Ereignis des Anfangs geht das Menschenwesen als animal rationale unter. Anfänglich ist nur das Da-sein. Aber auch das Da-*sein* bleibt nur das *seyns*geschichtliche Nachspiel zur Anfängnis des Anfangs als Untergang.

Menschentümer und Gottschaften sind anfänglich im Wesen und Wesensanspruch erschüttert.

Sofern im Untergang überhaupt noch an den Menschen erinnert wird, bleibt dieses alles abgründig verschieden von jeder Art von Bemühung um den Menschen nach irgend einer der vielen Weisen des »Humanismus« (dieser Name ist hier seyns- und metaphysikgeschichtlich gemeint; vgl. die Abhandlung »Platons Lehre von der Wahrheit«[1] 1941).

Humanismus oder Anthropologismus sind menschentümlich letzte Erscheinungsformen des Planetarismus; in ihnen kommt die lang versteckte Wesensselbigkeit von »Historie« und »Technik« zum Austrag in der Form der Verwüstung des Erdballs.

14. Die Sage des Unterschieds

Die Sage ist
1. ein Nennen des Anfangs.
2. eine Herkunft aus der innigen Anfängnis des Anfangs (sagenhaft).
3. ein Dichten, anfänglicher denn alles »dichterische« und jedes »metaphysische« Wort.
4. selbst ereignishaft; nicht Gemächte.
5. unaussagbar; jedesmal anfänglich.

Deshalb wird hier das Wort »die Sage« schlechthin gebraucht und meint nicht eine Art von Mitteilung. Das Nennen verschweigt, das Benennen als Versehen mit Namen veröffentlicht.

In der Sage, die untergänglich ist, wird stets gewährt eine Möglichkeit der Verwahrung, stets ist gewahrt die Verbergung, aber eigens diese selbst und so anfänglicher der erste Anfang.

[1] In: Wegmarken. Gesamtausgabe Band 9. Hrsg. v. F.-W. v. Herrmann. Frankfurt a.M. 2004[3], S. 203–238.

So ist *»Unterschied«* das Wort des »Ab*schieds*« und des *Untergangs*.

Das Sagenhafte dieser Sprache.

Das Wort der Sage ist niemals Aussage in dem Sinne, daß sie, die Sage, das zu Nennende ausmachen und ausschöpfen könnte. Aber die Unerschöpflichkeit meint auch nicht, daß je noch ein Rest bleibe, der mit der Zeit des Sagens sich verringere. Die Sage ist eine Aussage, bedeutet, sie sagt jedesmal anfänglich verhüllend den Anfang anfänglich. In allem Auslegen liegt jedesmal eine Einzigkeit, deren Wahrheit ihr Wesensgewicht darin hat, daß die Auslegung geschichte-gründend ist und d. h. eine andere Auslegung, gleich ihr anfänglich und anders zu ihr, nötig macht. (Die historische Interpretation dagegen hat den Eifer, jedes weitere Erklären überflüssig zu machen.)

Das Wort der Sage weiß selbst nie, »was« es sagt, wenn mit dem »was« gemeint ist eine vorgestellte Allheit der Einzigkeiten, die ein Anfang in sich verbirgt.

Das Wort der Sage kann aber durchstimmt sein von der Stimme des Ungesagten. So ist die Sage und ihr Wort das eigentlich Hörende, hörend das Ungesagte, hörig dem Anfang, untergänglich in diesen, geschichtlich.

Erkenne, daß in der Entsprechung zum Wesensbezug zwischen dem Seyn und dem Menschenwesen notwendig gefordert ist das Eingehen auf das im Ende der Metaphysik geschichtliche Unwesen dieses Bezugs. Deshalb muß aus dem selben Grunde, der das Sagen des Anfangs »nötig« macht, auch zunächst und sogar stets »der Mensch« mitgenannt werden. Der zunächst unaufhebbare Schein des Anthropologismus ist hinzunehmen. Damit aber auch die ständige Abschwächung der Sage, ja sogar ihre zeitweilige Verkehrung in das »Existenzielle«. Dieses ist nur eine der vielen Formen des Humanismus.

Befremdlich ist die Sage im Wesen und muß doch als Aufgabe zugänglich bleiben.

Hier gibt es kein Aussagen wie in einem gesicherten und anerkannten Bezirk. Hier gilt aber auch nicht das willkürliche Hinstellen dessen, was ohne Wink und Anweisung nur »unverständlich« bleibt. Aber hier gibt es auch nicht die Absicht auf eine Verständlichkeit, die sich des Verstandenen bemächtigt, nur um sich seiner sogleich zu entledigen.

Hier ist der *Übergang* in den Anfang.

15. Wie das Sagen zur Würdigung des Ereignisses des Anfangs wird

Nur so, daß das Sein und d.h. die Seiendheit des Seienden und d.h. die Loslassung des Seyns in die Seynsverlassenheit und d.h. das Seyn als Ereignis und d.h. der Anfang und d.h. der Untergang erfragt und durchfragt wird.

Ein Gang dieses Sagens ist die Sage des Unterschieds.

Er, der Gang, muß ausgehen von der *Unterscheidung*. Um aber diese nur erst zu würdigen, muß ein Aufenthalt des Menschen erfahren werden.

Der Aufenthalt ist solcher des Menschenwesens als des geschichtlich metaphysischen (Planetarismus und Idiotismus).

Der verfängliche Schein der Anklammerung an den Menschen liegt im Wesen der Metaphysik begründet; der heutige Anthropologismus ist nur eine Folge davon. (vgl. »Platons Lehre von der Wahrheit«[1]).

Aber wenn schon die Zurücklassung alles Menschentümlichen und seiner Anmaßungen entschieden sein mag, bleibt nicht doch der Mensch – auch im Anfang? Muß er da nicht erstmals sein Wesen bewahren? Bedarf er nicht da erst der Hilfe? Der Hilfe nicht – aber der Winke. Und der Winke aus dem Seyn. Und diese Winke haben bei sich die Botschaft des Untergänglichen – sie tragen vor sich her die Entscheidungsnotwendigkeit. An ihnen selbst und damit am Mut zur Würdigung scheiden sich die Menschentümer.

[1] In: Wegmarken. Gesamtausgabe Band 9, S. 203–238.

Der Würde-Mut bringt die Auseinandersetzung der Geschichtlichkeit und der Geschichtslosigkeit zum Austrag.

Die Geschichtlichkeit hat mit Metaphysik (Historie und Technik) nichts gemein. Die Geschichtslosigkeit aber ist die Vergötzung der Historie zur *Technik der Massenordnung*.

Der Aufenthalt des Menschenwesens läßt sich zunächst durch den Planetarismus angeben. Aber der Planetarismus muß sogleich seynsgeschichtlich gedacht werden, ohne daß schon die Seynsgeschichte sich nennen läßt. Dem Planetarismus entspricht der Idiotismus.

16. Der neuzeitliche Wesensaufenthalt des Menschen Planetarismus und Idiotismus

Der Mensch hält sich auf in der Seinsverlassenheit. Und die Weise des Sichaufhaltens ist die Seinsvergessenheit.

Aufenthalt: 1. woran der Mensch sich hält.
2. wobei er anhält.
3. was den Zeit-Raum ausmacht.
(Historie – Technik)

Der Aufenthalt ist nach zwei wesentlichen, in sich notwendig entsprechenden, Hinsichten bestimmt:
durch den Planetarismus (Überlegungen XV, 17, 20)[1]
durch den Idiotismus (Überlegungen XV, 22)[2]

Der Planetarismus meint nicht nur die umfängliche Ausbreitung eines geschichtlichen Zustandes über den ganzen Planeten, sondern den Wesensgrund dessen, was sich als »Gleichheit« der Menschentümer ausbreitet (Massen*ordnung* im Dienst der Weltmacht, die selbst das Massenwesen fördert, um sich selbst eine Notwendigkeit und zugleich ein Machtmittel zu sichern).

Der »Idiotismus« meint nicht eine psychiatrische Bestimmung der Beschränktheit von Geist und Seele, sondern jene Bestim-

[1] Vorgesehen für Band 96 der Gesamtausgabe.
[2] Vorgesehen für Band 96 der Gesamtausgabe.

mung des geschichtlichen Zustandes, der zufolge jedermann jederzeit überall sein ἴδιον – sein Eigenes als das Gleiche mit dem Eigenen aller Anderen erkennt und entweder willentlich oder unwissend betreibt. Das seynsgeschichtlich unbedingte Wesen des Man ist der Idiotismus.

17. Die Leitworte vom Seyn
(vgl. S.S. 1941, Manuscr.Zus.16[1])

(Inwiefern die Leitworte gegenwendig scheinbar das Seyn selbst und zugleich seine Vorgestelltheit (Verstandenheit) sagen).

Die Sage dieser Leitworte sagt:

Das Sein ist der Unterschied.

– Unterschied
Schiednis
Er-eignis
Anfang
Untergang
– Abschied

Der Ab-schied des »ist«.

Die Überwindung des Seyns als der Untergang des Nichts.

Das Sagenhafte des Sagens des Seyns.

Die *Leitworte* als Geleit in dem unerfahrenen Aufenthalt zur Ortschaft des Menschen*wesens*: zum Da-sein – Seyn. So aber doch noch in einem zwar wesensnotwendigen, aber doch leicht verfänglichen Sinne auf den Menschen zugesprochen.

Wie von hier aus der Schritt in den Anfang als Wesen des Seins?

Über die Sage des *Unterschieds*.

Unterschied aber ereignishaft.

Nicht bloß Zuwurf und Verwerfung; gar noch so, als sei das Sein das Zugeworfene – woher? oder doch!

[1] Grundbegriffe. Gesamtausgabe Band 51.

Zuwurf des Anfangs als seines *Wesens*.

Inwiefern durch »Überfluss« u.s.f. die Anfängnis genannt wird. Inwiefern durch »das Leerste« u.s.f. die *Seiendheit* genannt wird.

Was ist die Seiendheit (οὐσία) in Bezug auf den Anfang? Das anfängliche Un-wesen des Seins?

18. Das Wesen des Seyns

Die Unterscheidung
Der Unterschied
Zuwurf – Geworfenheit
Zufall
Ereignis
Anfang
Anfängnis
Untergang
Abschied

–

Das Wesen des Seyns kann nicht mehr nur Seyn sein – der Wesensbezug des Seyns zum Menschen muß den Menschen nur noch als Geschichte und d. h. als Wesung der Wahrheit kennen.

Alles in die Innigkeit des Abschieds zurücklassen.

19. Die Anfängnis des Anfangs

Die Anfängnis ist das »Wesen«, dies sagt hier, das Anfangen des Anfangs. Da der Anfang anfängt und das Anfangen je und je anfänglicher ist und dies keinen Fortgang der bloßen Steigerung bedeuten kann, sondern nur die jeweilige Vereinzigung in die Einzigkeit eines Anfangs, deshalb kann die Anfängnis nicht in einem Wort genannt werden. Überdies wissen wir kaum von der Anfängnis der erfahrbaren Anfänge. Und jedesmal kommen wir in die Gefahr, ein »Allgemeines« der Anfänge herauszuziehen und selbst noch dies zu einem Anfang zu stempeln.

Das Wort »der Anfang« bleibt mehrdeutig und muß diese Mehrdeutigkeit behalten, weil es so die Anfängnis des Anfangs im Anfänglichen hält und den Anfang nie zu einem Erklärten und einem »Ende« werden läßt.

»Der Anfang« kann sagen: jedes jeweilige Anfangen und die zerklüftete Mannigfaltigkeit der Anfänge, deren Einzigkeit so allerdings in gewisser Weise ausgelöscht ist.

»Der Anfang« kann sagen: der je einzige Anfang in seiner Einzigkeit. »Der Anfang« kann sagen: die anfängliche Auseinandersetzung der Anfänge in den Austrag der Anfängnis, welcher Austrag das Wesen der Geschichte ist. »Der Anfang« kann sagen: die Anfängnis des Anfangs.

Die Sage »vom Anfang« sagt all dieses und sagt damit nie aus, was der Anfang ist. Die Sage erschöpft nicht den Anfang, als gelte es nur einen Begriff zu umgrenzen. Die Sage ist »anfänglich«, nicht nur weil sie »vom« Anfang sagt, sondern weil sie je durch seine Anfängnis bestimmt bleibt und die Einzigkeit des Anfangs dergestalt sagt, daß sie diese nicht ausschöpft.

Was hier jedoch das Wort »der Anfang« nennt, läßt sich weder aus einer aufgegriffenen Wortbedeutung herausdröseln, noch kann die geläufige Verwendung des Wortes einen Anhalt bieten, das zu Nennende und Genannte ins Wissen zu bringen.

Das Wort »der Anfang« wird hier mit einer gewissen Willkür in Anspruch genommen als das Wort für die Wesung des Seyns selbst. Die Willkür dieser Wortwahl ist jedoch nur eine »gewisse«, weil in Wahrheit doch das Sein in der Frühe des Denkens ἀρχή genannt wird.

20. Das Bleiben

Die reinste, weil anfängliche, weil untergängliche Weise des Bleibens ist das Ausbleiben. In diesem geht auf eine einzige Ankunft. Solche Ankunft hält in der Ferne und hält die Ferne selbst in den Abschied hinaus. Das Ausbleiben ist die reine Entbergung der ankünftigen (nie noch und nie je angekommenen und ankömmlichen) Entgängnis. Solche Ankunft ist von allem Seienden abgekommen und hat sich aufgefangen im reinen Ausbleiben. Dieses verstrahlt einen Glanz der anfänglichen Würde des Anfangs. Die im Ausbleiben entborgene Ankunft der Entgängnis ist die anfängliche Erkühnung zum Anspruch auf alles, indem das Ausbleiben als Abschied Jegliches mit all seiner aus dem Seienden nur scheinbar erwirkten und angemaßten Beständigkeit in das Unbleibliche verabschiedet.

Das Ausbleiben ist das Bleiben aus dem Abschied. Dieses Ausbleiben ist kein Aufhören, sondern ist das innige Wesen des untergänglichen Anfangs.

Die Verabschiedung des Seienden macht sich jedoch am Seienden nichts zu schaffen, bewirkt nichts an ihm nach der Art der Beseitigung. Ganz anders und wider das gewöhnliche Erwarten hebt der Abschied das Seiende erst in die einzige Gelegenheit, bei der es über sich selbst hinausgehoben werden kann, um in das Offene aufzugehen, was ihm sonst versagt geblieben. Die Verabschiedung bringt (ereignishaft, nicht als Wirkungszusammenhang) das Seiende erst in die Seltenheit seiner dem Seyn eigenen Wesenseinfachheit und Erstmaligkeit.

Das Ausbleiben ist ereignishaft die Er-eignung des Übereignens in die Ankunft der Entgängnis.

Das Ausbleiben ist weder ein Aufhören noch aber ist es auch nur Abwesenheit. Das Aus-bleiben bringt die Entgängnis, ist Ankunft der Ferne in die Ferne. Die Abwesung nimmt dagegen die Anwesenheit weg und erschöpft sich in diesem Wegbringen.

21. Der Anfang ist die Würde des Seyns

Würde eignet dem Seyn nicht kraft einer ihm erst zugetragenen Würdigung. Würde erlaubt ja erst ein Würdigen und verstattet ihm den Spielraum seiner Versuche, die doch stets unter der Würde zurückbleiben müssen.

Die Würde ist die Anfängnis des Anfangs, ist also auch nicht ein Charakter des Seyns, sondern Es selbst, aber in seiner untergänglichen Wesung.

Die Würde ist als der untergängliche Anfang das Seyn anfänglich.

Die Würde ist die rein in die Innigkeit des Anfangs sich haltende, aus ihr her fernbleibende, in den Anfang zurückkehrende und dieser Rückkehr zugekehrte Entbergung der so ihr Anfängliches wahrenden Verbergung.

Die Würde ist die Gelassenheit des Untergangs in den Abschied der Verbergung.

Ob das Offene der Entbergung der Verbergung jemals öffentlich wird oder nicht, ist für die Würde gleichgültig. Ja sogar dieses fällt ins Wesenlose, ob die Anfängnis des Anfangs zu einer Mitteilung kommt oder nicht. Einzig würdig der Würde ist nur, daß die Sage sich ereignet. Der Würde würdig ist allein das Denken des Seyns; daß es sich ereignet und nichts sonst.

Das Ereignis genügt, und unnötig, keiner echten anfänglichen Not entsprungen ist dies, daß ein Menschentum jemals historisch von solchem Denken auch nur durch ein entstellendes Hörensagen etwas ins Ohr bekommt.

Der Anfang ereignet zwar die Stille des Da-seins und eine namenlose Inständigkeit in dieser. Sonst aber bedarf er nicht der »Veröffentlichung«.

Nur daß es sich, Er-eignis des Anfangs, ereigne; nur die Anfänglichkeit dieses einzigen Daß des Seyns genügt dem Seyn.

Ob das Seyn als Dazwischenkunft im Offenen des Seienden ankommt und als Zufall dem Seienden einfällt, bleibt stets zu-fällig.

22. Der letzte Schritt des Denkens
(vgl. die Würde des Seyns)

Wie sollte er schon vollzogen und auch nur geahnt sein, wo doch das Denken nur im Ungefähren sich in das Vorläufige seines Wesens gefunden hat. Aber der letzte Schritt kommt zwar zuletzt, doch nicht am »Ende«, sondern im eigentlichen Anfang des Denkens.

Und der letzte Schritt des Denkens führt in das Wissen vom Seyn, worin offenbar wird, daß, *weil* das Denken als ereignetes zum Ereignis gehört, gerade deshalb die Veröffentlichung der Sage des Seyns für dieses nicht wesentlich sein kann. Der Ereignischarakter des Denkens fordert von diesem den Eingang in die Stille der reinen Anfängnis.

Im Seienden und seiner Öffentlichkeit sieht es so aus, als ereignete sich gar nichts und nichts weiteres als eben das, was den Ablauf und die Vorgänge und die Umtriebe des Seienden ausmacht.

Der letzte Schritt des Denkens ist das Wissen von der reinen Zugehörigkeit dieses Denkens in seiner Einzigkeit zu der einzigen Anfängnis des Seyns.

Der letzte Schritt des Denkens ist das Wissen, daß das so ereignete Denken die einzige Würdigung der Würde des Anfangs sein kann. Das Seyn ereignet sich das Denken, be-nötigt dieses in die äußerste Not der reinen abgeschiedenen Würdigung. Das Seyn in seiner Anfängnis benötigt das Denken und fordert die Not des Da-seins und für sie die Notwendigkeit einziger Menschen. Aber das Seyn braucht nicht das Erkennen und die Erkanntheit des Seienden, braucht nicht das Seiende und dessen Öffentlichkeit und Wirksamkeit.

Der letzte Schritt des Denkens ist ein Wissen von der Anfängnis des Seyns als des Ereignisses, wobei aber dieses Wissen selbst nicht in eine Erkenntnis und ein Erkanntes fortschreitet und als ein Bekanntes sich ausbreitet. Dieses Wissen »bleibt« unbekannt. Und sein »Bleiben« außerhalb des Bekannten, aber auch Bekennbaren, ist von der Art des *Ausbleibens*, ist anfängliche Übereignung in das Ereignis.

Daß dieses Wissen von sich selbst weiß, aber je nur so, daß es das Seyn denkt und in der Zugehörigkeit zum Seyn inständet und aus dem Zuwurf des Seyns ereignet ist, dieses Sichselbstwissen stellt das Denken nicht über es selbst in ein Eigenes gegenüber dem Seyn. Dieses Sichselbstwissen hat nur die eine Wesensfolge in sich, daß in der Verschweigung bleiben muß, wann und wie einzig die Anfängnis des Anfangs ihr Anfängliches sich ereignet.

Wenn also je dieses Wissen bekannt würde, wäre es nicht dieses Wissen; vielleicht aber eine Erinnerung in den Anfang; vielleicht eine verlorene Spur des Seyns, die am Seienden vorbeiführt.

Dieser Vorbeigang der Spur des Seyns müßte freilich ob seiner innigen Anfänglichkeit das Seiende in einen Wesensglanz bringen, bei dem es alle Mächtigkeit aufgäbe und im Widerglanz der Würde des Seyns zu einer einzigen Einfachheit seiner Dinge erstünde. Dies freilich so, daß aus dem Seienden nie erklärt werden könnte, *woher* diese Milde des Seyns, die aller Schwäche gleich abhold ist wie der Gewalttat.

Der Vorbeigang der Spur des Seyns müßte in die Nähe eines Austrags führen, durch den für das Seiende ein Menschentum und eine Gottschaft zur Notwendigkeit würde, aus deren Zukehrung sich eine Weltgeschichte fügte, darin die Welt nur die Würdigung des Seyns walten ließe, ohne dessen enthoben zu sein, gemäß der Abgründigkeit des Seyns auch die Zerrissenheit des Seienden und den Schmerz des Seienden zu erfahren und auszustehen.

Aber diese Spur des Seyns, die der Anfang zieht, werden wir noch lange nicht finden, weil wir noch allzu fern sind der Vorahnung dessen, was Denken ist und daß es sich im Ereignis ereignen muß.

Aber wir können versuchen, in dies Denken vorzudenken.

Aber wir müssen vorbereiten, daß Vorläufer dieses Denkens sein können. Wir sagen den Unterschied des Seins und des Seienden.

23. Der Anfang und die Verbergung

Weil die Anfängnis des Anfangs der Untergang in die Verbergung ist, deshalb muß, wenn das Seyn in den anfangenden Anfang sich verwindet, das Seyn verborgen bleiben.

Das anfängliche Wesen des Seyns kann sich längst gewandelt haben, ohne daß im Bereich der Aktionen und der Bedürfnisse das Geringste sich ändert.

Das Seyn muß im Sagen verbleiben und so stets dem Seienden noch die Gewähr bieten, zum Schein dem Seyn zu erwidern. Während doch dem Seyn nur Seyn erwidern kann, dabei schon als Erwiderung Ereignung bleiben muß.

Die Er-widerung zum Seyn ist das Da-sein.

24. »Verbergung«

vom Wesen der ἀλήθεια her.

Später unter Aufnahme der *repraesentatio*,

neuzeitlich gewandelt zur *»Verschließung«* (Natur);

Contraktion als Wurzelkraft der »Existenz« als Sichoffenbarwerden. Alles auf Subjectität und »Gewißheit« gestellt.

*

Dagegen Verbergung aus Seinsverlassenheit.

Geschichte der Metaphysik als der Wahrheit des *Seienden in seinem Vorrang vor dem Sein.*

Darin die neuzeitliche Metaphysik einbegriffen.

Verbergung als Ereignis *nicht verwischen* mit der Metaphysik des Absoluten! »Phänomenologie des Geistes«.

25. Anfang und Wahrheit
(»ewige Wahrheiten«)

Der Anfang »ist« die Wesung des Seins. Seyn »ist« – empfängt sich selbst in der Anfängnis.

Die Wesung des Seins ist im ersten Anfang die Entbergung, die Unverborgenheit. (Wahrheit)

»Wahrheit« gehört deshalb in das Wesen des Seyns und muß allein von hier gedacht werden.

Inzwischen aber hat der Beginn der Metaphysik den Wandel der Wahrheit (ihres Wesens) gebracht.

Als Auszeichnung des Erkennens rückt sie in den Bezirk des Menschen, mag dieser nun zum Maß der Wahrheit gemacht werden oder mag er sein Tun und dessen »Wahrheit« am »Wahren« messen.

Das »Wahre« ist sogleich das, was dem Menschen Bestand und Halt und Heil gibt. In das »Wahre« wird alles Bestandgebende verlegt. Das Wahre selbst ist das eigentlich Beständige. Die beständigste Beständigkeit, meint dieses Rechnen, ist die Ewigkeit. »Wahrheiten« sind »Wahrheiten« als »ewige«.

Das metaphysische Denken über die Wahrheit ist so nach mehrfachen Hinsichten gefesselt von der Frage der »ewigen Wahrheiten« und das »Problem« des »Relativismus« stellt nur die Kehrseite dieser Behauptung der »ewigen Wahrheiten« dar.

Und zwar versperrt gerade der Relativismus, nicht etwa nur die Lehre von der »Ewigkeit« der Wahrheit, jedes Fragen nach dem eigentlichen Wesen der wesenhaften Einzigkeit der Wahrheit. Diese ist, gemäß der Anfängnis des Seyns, je eine einzige; dieses aber nicht so, daß sie nur »für« eine »Zeit« gilt, wobei »die Zeit« der Maßstab und Spielraum des »Geltens« ist. Die Wahrheit bestimmt ja selbst erst »die Zeit« zu einer Zeit und zu je dieser; wie soll diese dann die Rolle der Maßgabe für die Wahrheit sich anmaßen? Wahrheit ist bestimmend, aber nicht dadurch, daß ihr zugestanden wird, zu gelten, oder daß sie aus sich gilt für –.

Die Wahrheit west als das Sein, das wirkungslos das Seiende sein läßt und so das Seiende in die Wesung des Seins hineinhebt (er-eignet). Zu fragen, ob das zeitweilig oder für immer »sei« und »sein« müsse, ist eine sinnlose Frage, die schon vergessen hat, daß es sich allein um die Wesung des Seyns selbst handelt.

Was meint dann aber der Satz des seynsgeschichtlichen Denkens, daß die Wahrheit eine Geschichte »habe«? Diese Fassung des Satzes ist eine schlechte, weil sie unterstellt, »die Wahrheit«

sei zunächst an sich und werde dann noch fortlaufenden Veränderungen ausgesetzt.

Der Satz meint vielmehr: die Wesung der Wahrheit, die Art, wie je einzig die Wahrheit west, ist der Grundzug aller Geschichte. Denn Geschichte ist nicht Ablauf von irgendwelchen Vorgängen und Begebenheiten. Geschichte ist Austrag des Wesens der Wahrheit, welcher Austrag aber selbst den Charakter des Ereignisses hat und dieses ist das Seyn.

Jener Satz (die Wahrheit »hat« eine Geschichte) meint nicht, daß die Wahrheit nur »das Wahre« sei und dieses das jeweils Gewisse in einer Stufenfolge des Bewußtseins. So denkt Hegel »die Wahrheit«; er denkt überhaupt nicht im Bereich des Wesens der Wahrheit, sondern hält wie alle Metaphysik die Wahrheit als Wesen des Wahren für entschieden.

26. Seyn und Einzigkeit und Wahrheit

Die Einheit und Zusammengehörigkeit der Geschichte bestimmt sich aus der Einzigkeit des Seyns. *In* der Einzigkeit ist je Jedes einzig und *so* allein zugehörig dem Einen. Nicht das Allgemeine eines Vielerlei (metaphysisch), sondern die Einzigkeit des Einfachen gründet die wesentlichen Bezüge zur Geschichte. Aus *diesen* Bezügen nur läßt sich »Historie« neu bestimmen, falls sie nicht überhaupt mit der Metaphysik hinfällig geworden.

Die Einzigkeit ist Anfänglichkeit des Anfangs. Der Anfang *ist* je als einziger; diese Einzigkeit schließt nicht aus das »Viele«, aber »das Viele« ist bereits nur ein Schein, der das Einzige vom Vor-stellen her überdeckt.

*

Das Sein selbst ist die Verbergung.

Was ist dies?

Nur weil das Sein so west, ist im Seienden Unverborgenheit,

kann zuerst und anfänglich Unverborgenheit (γένεσις-φθορά) als Sein erscheinen, kann das Erscheinen selbst das Wesen des Seins enthüllen.

Wahrheit
Platons Auslegung ist wahr
Descartes' Auslegung ist wahr
je *nur* auf »Zeit« – »historisch« – »relativ« –
nein!
sondern gerade *nicht* »nur«,
sondern im Gegenteil im Ganzen zugehörig dem Einen –
der Wesung des Seyns – der Wesung der Wahrheit selbst.

Die Wahrheit das Wahre.

27. Der erste Anfang

Das ganz Befremdliche und dennoch Eigenste, das nicht »wir« besitzen und besitzen können, sondern das uns einbehält.

In dieser Befremdung erfahren wir die Verbergung als Wesen des Seins.

Im Anfänglichen dieses ersten Anfangs geht die Geschichte des Seins auf und wird das Einfache alles mannigfaltigen historisch Erfahrbaren.

Unvergleichbar mit allen sonst bekannten Bezügen bleibt dieses Eine: der erste Anfang und die Geschichte des Seyns als *»Metaphysik«*.

28. Der Anfang

Daß das Sein als Entborgenheit Aufgang ist, ohne in die Verbergung zu wesen, kündet, wie noch der Anfang kaum angefangen.

Noch steht der Anfang bevor und deshalb ist der Untergang einziger denn vormals.

Seinetwegen kann das Seiende in all seiner Machenschaft nicht das Beständige sein und das Sein seines Wesens entsetzen.

Darum kommt erst das Anfangen.

Aber es kommt als das Sein.

Keine Erkundung des Seienden vermag Es zu treffen. Jedes Gemächte bleibt leer.

29. Ereignis

ist hier als Name des Seins das vielsinnige und vieltragende Wort.

1. Er-eignen: das Eigene eröffnend in dieses sich weisen – anfangen.
2. Er-eignen: Erwesen die Innigkeit.
3. Er-eignen: Bergung des Eigensten (als Eigentum) ins Eigene – Nichtung als Aus-sparen des Inzwischen aus dem Eigentum.
4. Er-eignen: ins Eigene des Ereignens Zueignen – nämlich: das Da-sein.
5. Er-eignen: Über-eignen in das Eigene (das Seiende dem Sein).
6. Er-eignen: Geschichte – »Er-eignis« – das anfängliche »Daß«.
7. Er-eignen: Ganz aus dem Eigensten wesen – (verwerfend jede Sucht und verschmähend jedes Werben).

*

Der Anfang ist das Sein

Sein west
Die Wesung gibt Weile
Zur Weile »ist« dann »Seiendes«.

Die Wesung des Seins ist die Wahrheit.
Die Wahrheit ist das Er-eignis.
Das Er-eignis geht ins Eigentum
und ist Über-eignung des Da.

Das Ereignis ist Anfang.
Der Anfang »ist« die Wahrheit.
Wahrheit ist Sein.
Also enthüllt sich das Sein im Übergang.
Dieser nähert dem Anfang.

30. Der Anfang und die Innigkeit

Das Anfängliche ist als Entbergung des Offenen der Aufgang, der jedoch nicht sich verliert, sondern als Aufgang gerade Verbergung bleibt und Verwahrung.

So gehört es zum Anfang, daß er nicht nur in sein Wesen innebleibt, sondern in sein Wesen zurückgeht und je und je Sammlung ist in das Anfänglichere. Darin aber besteht die Innigkeit, die nicht bloße Innerlichkeit ist, der das Abgesonderte gehört.

Innigkeit ist gerade Aufgang, der zuvor alles, anwesend, durchwest und doch und so gerade rückkehrend ist in sich selbst. Nie jedoch als »Reflexion«, doch als Sammlung in die verborgene Anfänglichkeit. Daß der Anfang west, indem er je und je anfänglicher ist, das sagt, er ist die Innigkeit. Innigkeit ist die Verbergung der weitesten Entbergung, ist der ruhende Einbehalt des Schenkens.

Innigkeit ist das Wort der Anfänglichkeit des Anfangs.

31. Das Seyn

Das Seyn ist der Anfang. Der Anfang ist die Gründung des Abgründigen.

Das Sein als der erstanfängliche Anfang ist die verwahrende Verbergung (und *deshalb* erst φύσις).

Das Sein als das erstanfängliche Ende ist die loslassende Machenschaft.

Das Ende ist die Un-anfänglichkeit eines Anfangs.

Das Sein als der andere Anfang ist das Ereignis, die einfallende Dazwischenkunft, die erst das Inzwischen erbringt.

Der Übergang vom ersten Anfang in den anderen als Anfänglichkeit: das Verlassen der Unterscheidung.

Das Seyn

als der Einfall offenbart die abgründige Unbekümmertheit des Seins gegen das Seiende.

Deshalb kann der Mensch, inständig im Da-sein, doch im Umkreis des völlig Un-seienden noch, was gerade nie das Nichts ist, die höchste Bewahrung der Wahrheit erringen.

Den *Anfang* nennen, heißt »Sein« und »Wahrheit« sagen als die *Wesung*.

Sein »ist« Wahrheit
Wahrheit ist Anfang
Sein ist Anfang.

Das sind gleichanfängliche Sagen; nicht etwa eine Schlußfolgerung.

32. Der Anfang und das Nichts

Das Nichts ist vieldeutig und schwankend wie das Sein in seiner Geschichte.

1. »Das Nichts« kann meinen das gewöhnliche Nichts – völlige Abwesenheit von Seiendem.
2. »Das Nichts« kann bedeuten das Wesen-lose als Wesensfehl des Seins.

In (1) ist das Nichts gegen das Seiende unterschieden. In (2) ist das Nichts gegen das Sein (als Entbergung – Aufgang) unterschieden.

Noch gehört das Nichts hier nicht zum Sein selbst. Dazu, um diese Zugehörigkeit zu wissen und das Nichts im Sein selbst zu finden, muß die Nichtung erfahren werden, die keine Verneinung ist, die als Art des Vor-stellens erst dem Sein sich gegenüber stellt. Das Sein selbst nichtet, indem es wahrt und verwahrt und verbirgt. Dies ist aber nicht eine Art des Nein, sondern »Nein« ist je schon Sagen auf dem Grunde der Inständigkeit des Da-seins, gründet im »Wort«, und das Wort ist Wesung des Seins.

Die Nichtung als Verbergung ist die Innigkeit des An-fangens des Anfangs.

Die Nichtung ist daher auch nie die Negativität, die in der Subjektität gründet, die ihrerseits west im sichunterscheidenden Sich-vor-sich-bringen.

Dieses Nicht der Negativität läßt niemals das Nichts los in die Anfänglichkeit des Ab-gründens.

Das Nicht der Negativität und diese selbst sind schon gerettet im Unbedingten des absoluten Wissens und Willens.

Das Nichts des Anfangs dagegen ist das anfängliche Nichts, aber deshalb auch ganz und gar nicht »nichtig«, wenngleich es doch gerade die scheinbare »Leere« des Inzwischen des Ab-grundes erwest.

Das Nichts im anfänglichen Sinne ist das Inzwischen, dessen Lichtung in der Unterscheidung beschieden wird als wesende Stätte der Ankunft.

Man kann dem, der sich außerhalb des Denkens hält und nur auf Erklärungen und d.h. das Erfolgen von Folgen und Habhaftem erpicht ist und dabei nur Seiendes gelten lassen darf als Wesendes, niemals zeigen und auch nur zu zeigen versuchen, daß das Wesen des Nichts keineswegs die Auflösung in nichtige Nichtigkeit ist und daher der völligen Verwerfung anheimfallen muß.

Wer nicht denkt, verleugnet den Bezug zum Sein. Deshalb kann er nie vom Sein her wissen, daß dieses seinen Wesensreichtum überschleiert durch das Nichts der scheinbaren Leere des Inzwischen.

Wenn aber das Nichts die zum Seyn selbst gehörige Überschleierung des Seyns bleibt, die er-eignet die Bescheidung in den Unterschied zum jeglichen Seienden, wenn so das Nichts »über«

das Seiende hinaushebt in das Seyn, dann ist gerade die Grundstimmung, die vom Nichts be-stimmt wird, die »Angst« (wesentlich genommen, nicht als Ängstlichkeit) zwar keine »gehobene« und auch keine »gedrückte«, aber die in das Seyn erhebende Stimmung. Sie hebt die Gedankenlosigkeit der Metaphysik und Anthropologie und aller Weltanschauung hinaus ins – Nichts, wo alles sich entscheidet.

33. Das Ereignis und das Nichts

Die bloße Negativität, aber auch die privative und ihre Abartung, die dialektische Negativität, versagt im ereignishaften Wesen des Seyns (vgl. das Bleiben aus dem Abschied).

Wohl kann man aussagemäßig jederzeit alles Sagen in die Fassung der bloßen Verneinung und der bejahenden Verneinung und der Beraubung bringen. Allein so ist nie die Gewähr, ob das Seyn gedacht, ob statt dessen nicht doch nur im Seienden gerechnet worden.

Weil jedoch alle Sage sogleich in der »Aussage« erscheint und dieser Schein für ihr eigenstes Sein genommen werden kann, entgeht kein Denken des Seyns dem Mißbrauch durch die »Dialektik«.

Hegel versuchte die Dialektik vor der Verödung durch sich selbst zu retten, indem er die Ausbreitung der Gehalte (Aesthetik, Religionsphilosophie, Rechts- und Geschichtsphilosophie) betrieb. Aber gerade hieraus entsprang die Abflachung des »Dialektischen«, das ja in Wahrheit die Wirklichkeit des Geistes selbst ist, in den unaufhaltbaren Formalismus.

34. Der Anfang – das Seyn – das Seiende

ist im ersten und anderen Anfangen abendländisch. Und weil die Innigkeit, die abgründende Anfänglichkeit zum Anfangen gehört, ist der Anfang je im Abendländischen entschieden.

Zum Anfang gehört, entschieden in ihm und seiner Einzigkeit ein letzter Untergang. Dessen Einzigkeit weiß keiner, gleichwie keiner die Seltenheit des Anfangens zu erdenken vermag, wenn wir damit ein Rechnen meinen.

Im Wesen des Anfangs und seines Untergangs liegt verborgen und als äußerste Innigkeit geborgen ein letzter Untergang. Das bestimmt eine anfängliche Zwischenzeit, in der die Geschichte nicht notwendig in der selben Offenbarkeit fortdauert. Aber diese höchste Möglichkeit des Anfangs, sein Untergang, muß in ihm auch ins Höchste gedacht werden.

Wenn der Anfang das Seyn ist und das Seyn nur anfänglich west, dann muß das Seyn selbst (als Ereignis) einstmals die »Zeit« (Zeit-Spiel-Raum) erbringen, in der und mit der es selbst seinen Untergang erwest.

»Dann« ist jede Möglichkeit des »Dann« entschwunden; dann ist, immer noch und nur aus der *untergänglichen Überlassung* gesprochen, auch kein »Seiendes« mehr. Das Un-seiende, das überläßlich gesagt, fortwährt, ist weder das Nichts noch nicht das Nichts. Es »ist«, nur in einem *anfänglicheren* Sinne gedacht, das μηδέν, das im ersten Anfang, aber *anders*, Parmenides dachte.

35. Das Seyn ist Sage
(sagenhaftes Wort)

Seiend ist erst in der Sage, d. h. im Wort als dem Bereich der Verschweigung.

Diese Sage aber sagt nichts aus über Seiendes, sondern sagt das Sein, ist *sagenhaft*, d. h. »Dichtung« in dem anfänglichen Sinne, der nur aus dem Sein selbst als dem Ereignis sich bestimmen läßt.

Allerdings kommt zunächst diese Bestimmung des Seins in die bedenkliche Nähe der neuzeitlichen Metaphysik. Nach dieser ist das Seiende das Objektive und die Objektivität ist Subjektivität.

Nichts von all dem gilt hier, weil ja so das Sein stets noch, wie in der theologischen Metaphysik, als Gemächtehaftes in der Tätigkeit eines »Subjekts« aufgehoben bleibt.

Jetzt aber gilt es, das Sein selbst als Ereignis zuzulassen; vielmehr wird das Seyn um die Zulassung und Nichtzulassung sich nicht kümmern.

36. Der andere Anfang

Die Dazwischenkunft als der Einfall der Verbergung selbst in das »Seiende«.

Wie der Einfall sich das Da-sein ereignet und Ereignis ist.

Wie das Da-sein den Menschen seiner Zuständigkeit für das Seiende entsetzt und ihn zur Inständigkeit bestimmt, weil es selbst gestimmt ist auf das Seyn.

Die Zuständigkeit für das Seiende und die Subjektität. Alle Verwandlung des Seienden in den »Geist« (das Ungreifliche und Unsichtbare) ist doch nur Vergessenheit des Seins.

37. Anfang und 'Αλήθεια
(vgl. der erste Anfang)
ἀλήθεια – ἰδέα

Wie west die Verborgenheit, damit Entbergung sich ereignen und die Entborgenheit als *Sein* wesen kann und zu Zeiten das Seiende in die Unverborgenheit einzugehen vermag?

»Ist« die Wesung der Verborgenheit die verwahrende Verbergung in die Innigkeit des Anfänglicheren des Anfangs?

»Ist« diese Verwahrung die Erwahrung der Einzigkeit der einen Würde des Anfangs?

Und bestimmt sich uns dieses »ist« und die Wesung selbst aus dem Anfänglichen?

Verbergung ist anfänglich und daher nie einfach nur eine Verdeckung und Aufbewahrung, sondern anfangend, d. h. bergender in die Innigkeit der Sammlung dessen, was keine Stütze nimmt am Seienden und sich jeden Grund ver-wehrt; was der Ab-grund ist, der ab-gründend anfänglicheren Zeit-Raum gibt dem »Da«, damit es sich ereigne in die Übereignung als Da-sein.

Ver-wahrung – wehrender dem Andrang und Überdrang des erst frei-werdenden Seienden.

Das erinnernde Vordenken denkt als vordenkende Erinnerung in den ersten und den anderen Anfang, denkt in ihrer Zerklüftung und denkt daher übergänglich.

Im Übergang ist das Denken die Erharrung des Seins.

Nicht aber kann das Sein jemals mehr aus dem Menschen selbst und gar als dieser gesetzt werden, nicht ist das Sein errechenbar aus Seiendem, nicht erschaubar im Blick auf das Seiende und über es hinweg, nie ist das Sein zu erzwingen – Übergang ist Bereitschaft für den fernen Vorbeigang des Übernahen.

Übergang verleugnet nicht das Gegenwärtige. Aber dieses ist nur geschichtlich als die entfernte Gegenwart, die fern abliegt, weil sie im Bezug zum Kommenden west.

Die *Erinnerung* in die Innigkeit des Anfangs aber ist in all diesem anfänglichen Denken das Innerste.

38. Die Anfänge

Der erste Anfang:

Das Sein *ist* – (weil sein Wesen Entbergung)

Der Beginn der Metaphysik:

Die Idee ist das »Seiendste« ὄντως ὄν

Die Metaphysik: das Seiende (ens entium) »ist« das Sein.

Ende der Metaphysik: Das Seiende allein ist und das Sein bleibt ein leerer Rauch und ein Irrtum.

Der Untergang:

Die Seinsverlassenheit west als verborgenes Sein.

Der andere Anfang:

Das Sein ist die Wahrheit und Wahrheit ist das Er-eignis.

39. Der Anfang

als der *Anfang des Denkens* (d. h. des Innestehens im Wissen des Seins).

Aber *so* ist »der Anfang« nicht hinreichend anfänglich gedacht. In jedem Betracht meint »der Anfang des Denkens« nicht den Beginn des Vollzugs von Denkakten.

»Der Anfang des Denkens« – enthält einen seynsgeschichtlichen Genitiv; der Anfang als Anfang erwest die Lichtung, in die gehört die Inständigkeit in ihr als dem Offenen.

Der Anfang bereitet in sich den Aufenthalt und spricht den Menschen ins Wesen an.

Der Anfang ist je einfallend – dazwischen-künftig.

Reine Wesung des »Seins«, anfänglicher denn dieses selbst.

Zunächst bleibt auch dieser Name »Anfang« vieldeutig.

40. Vom Anfang

»Der Anfang« ist die Wesung der Wahrheit des Seins. Anfang ist wesender denn das Sein in jeder Hinsicht. Im Sagen des Anfangs, das erst im anderen Anfang sich ereignet, muß der Schritt gewagt werden, auch noch das Sein, nicht nur die Seiendheit des Seienden und dieses, zurückzulassen.

Auch die Seinsfrage rückt noch in den Vordergrund der Geschichte.

Das seynsgeschichtliche Denken verwandelt sich in das anfängliche.

41. Vom Anfang

Im Sagen des Anfangs klingt es oft und oft nur so, als sei das Denken über den Anfang gemeint, als sei das Denken das Anfangende.

Dieser Schein ist zuweilen unvermeidlich. Dennoch muß dies klar bleiben, daß Anfang und anfänglich nur ist das Sein.

Wie aber die Wahrheit des Seins und ihr zufolge die Gründung der Wahrheit und dieser zufolge dann auch das »Denken« anfänglich ist und so genannt werden kann, das läßt sich nur aus dem Anfänglichen des anderen Anfangs wissen.

Im ersten Anfang ist das »Denken« vom »Sein« unterschieden, wenngleich da schon sich enthüllt, daß je jedes *das Selbe* ist.

Der Anfang, streng gesagt, nennt stets das Sein selbst, dessen Wesung ist, was wir »Wahrheit« nennen und langher schon verkennen.

42. »Anfang«

ist das Wort des Seins, das zu nennen vermag den ersten und den anderen »Anfang«. Aber »Anfang« ist jetzt wesenhafter gedacht; nicht Anfang »des« und Anfang »für das« Sein, sondern die Wesung des Seins selbst.

1. Anfang und der Reichtum der Anfänglichkeit; deshalb der erste und der andere; *wir* wissen nicht auch schon die kommenderen.
2. Anfang als Aufgang und Verwahrung.
3. Anfang als Verbergung und Er-eignung.
4. Anfang und Geschichte.
5. Anfang und Einzigkeit.

So vermag das Wort zu nennen Alles sich wieder Nennende, was in den Leitworten vom Sein gesagt ist.

Aber Anfang *auch* das Wort für das Sein als die Geschichte – Austrag der Wesung der »Wahrheit«.

Anfang *auch* in Bezug zu Fortgang, Untergang, Übergang.

43. Das anfängliche Wesen des Seyns

Das »anfängliche« will sagen, daß es je nur als der Anfang west und dieser je Anfang ist als der anfänglichere. Hier gilt jedoch nicht eine Stetigkeit irgend einer Steigerung, sondern das Abgründige des Einzigen des je jedesmaligen Anfangs.

Das Jedesmalige nennen, heißt schon sich in die Gefahr der Historie einlassen.

Das anfängliche Wesen des Seyns enthüllt sich nach dem ersten Anfang und in der Auseinandersetzung zu ihm als der andere Anfang und dieses ist die er-eignishafte Dazwischenkunft des Seyns als der Ein-fall in das »Seiende«, das so erst *als* Seiendes auf-fällig wird. (vgl. Die Überwindung der Metaphysik[1] und das Verlassen der Unterscheidung.)

Wenn die er-eignishafte Dazwischenkunft des Seyns zur stimmenden Stimme und Stimmung wird und so der Ein-fall in das [Seiende] erkannt ist, dann erst hat sich das Denken dagegen gefeit, auch dieses seynsgeschichtliche Denken »des« Seyns noch in irgendeinem Sinne doch »transzendental« zu deuten.

Das Seyn ist zwar das Spätere und so gerade nicht »Apriori«, dieses Spätere aber niemals der Nachtrag vom Seienden aus. Denn [das Seiende] kann sich des Seyns niemals versehen, wie sehr es selbst das Seiende in der Seiendheit ganz von dieser aus das Berechnete und Vorgesehene geworden.

[1] In: Metaphysik und Nihilismus. Gesamtausgabe Band 67. Hrsg. v. H.-J. Friedrich. Frankfurt a. M. 1999, S. 1–174.

44. Den Anfang *(Eigentümlichkeit)*

denken wir meist von der Folge her oder doch auf die Folge zu, jedesmal aus dem Nicht-mehr-Anfänglichen. Und da dieses uns näher und wirklicher und vollendeter vorkommt, ist der Anfang durch und durch das *Noch-nicht* …

Auf solche Weise faßt das Denken höchstens den Anbeginn oder auch nur den Beginn.

Der Anfang selbst aber west nicht als Anfang dadurch, daß er eine Folge erfolgen läßt und zurückbleibt vor dieser, sondern darin, daß er zu sich selbst in das Hervorkommen eines Aufgehenden zurückgeht und im Rückgang sich zu eigen wird und ins Eigentum kommt. Die Eigentümlichkeit und die von ihr aus zu denkende Selbstheit des Anfangs ist das Schwerste und Eigentliche, was er zu denken fordert.

Aus dieser Eigentümlichkeit, dem Zurückgehen in das eigene Aufgehen (*darin west die Verbergung*) entspringt eine Wesensauszeichnung des Anfangs, daß er je alsbald das Angefangene in sein Beständigtes Wesen losläßt und ihm noch den Schein, selbst der Anfang zu sein, mitgibt. Der Schein des Anfangs bringt sich unter im *Beginn.*

Daß der Anfang aus dem wesenhaften Zurückgehen das Angefangene *ablegt*, trägt in sich die Möglichkeit der Loslassung des Angefangenen in es selbst.

Die Loslassung des Seienden dahin, nur »das Seiende« zu sein und des Seins nicht mehr zu bedürfen.

In dieser Loslassung, falls sie als diese anfänglich und in ihrem Anfangswesen erfahren wird, liegt noch ein letzter Anklang an den Anfang.

Warum kann er nur in einem anderen Anfang ins Wesen kommen?

45. Anfang und Fortgang

Die Eigentümlichkeit des Anfangs, daß er seinem Eigenen zu, dem Aufgehen, und in es zurückgeht, läßt das Angefangene innerhalb der erreichten Gefangenheit nun fortgehen. Dieses Fortgehende kehrt sich ab, nicht etwa der Anfang von ihm, der Anfang geht nur, ganz je er selbst, in sich zurück.

Der Anfang kehrt sich nicht ab, im Gegenteil, er wendet sich trotz allem noch dem Angefangenen zu; aber seine Zuwendung ist die Loslassung des Angefangenen an es selbst.

Das Angefangene – ist das, was im Aufgehen und seiner Entbergung zum Erscheinenden wird, gleich als sei der Anfang nicht, gleich als wese gar nicht Sein, das selbst nur der Anfang »ist«.

46. Anfang und Wahrheit

Inwiefern der Anfang *in sich* je eine Wesung der Wahrheit ist.

Warum im ersten Anfang dieses Wesen wesentlich ist (ihm selbst gemäß) dadurch, daß es sich verbirgt.

Warum diese Verbergung selbst verborgen bleibt und daher unerkennbar und deshalb unbekannt.

Warum demzufolge die Bestimmung des Wesens der Wahrheit alsbald einen anderen Gang nimmt, so daß die ἀλήθεια zur ὁμοίωσις wird.

vgl. ΑΛΗΘΕΙΑ[1]

Wie im anderen Anfang und seiner Vorbereitung das Wesen der Wahrheit in die Entscheidung kommt.

Wie vom Ende der Metaphysik her eine Wesensgeschichte der Wahrheit sich öffnet: Nietzsche: »Gerechtigkeit«; Leibniz: iustitia; δίκη –

[1] Vorgesehen für Band 73 der Gesamtausgabe.

47. Anfang und Wahrheit
(vgl. ΑΛΗΘΕΙΑ[1]; vgl. Da-sein[2])

Wahrheit ist nicht eine Zugabe zum Sein, sofern es in das menschliche Vorstellen kommt und über das Sein befunden wird.

Vielmehr ist das Wesen des Seins die Wahrheit. Wahrheit aber meint hier Entbergung – als Eröffnung des Anwesens, Vorbringen des Offenen, das zuvor anwest.

Entbergung aber ist Bergung und Bergung ist verbergende Wahrung der Möglichkeit des Entbergens.

Sein ist Wahrheit – in dem geklärten Sinne. Das aber sagt: Sein ist Anfang. Die Anfänglichkeit des Anfangs ist das aufgehende In-sich-zurück-gehen, das Er-gründen des Abgrundes. Die Anfänglichkeit ist je und je anfangender.

Sein als Wahrheit wesend und Wahrheit als die Wesung des Seins entfaltend, das enthält den Anfang. Das so Gesagte kann niemals mit Hilfe der geläufigen und doch vieldeutigen metaphysischen Begriffe von »Sein« und »Wahrheit« zu Begriff gebracht werden.

Wahrheit ist hier nichts, was zum Sein hinzukommt, zufolge der Erkanntheit. Wahrheit ist das anfängliche Wesen des Seins. Wahrheit ist Entbergung und Verbergung und so die Erwesung der Anwesung, d. h. des Seins im erstanfänglichen Sinne. »Sein« ist wieder nur der Vorname für die »Wahrheit«. Und freilich ist »Wahrheit« längst mißdeutet und daher das hier zu Sagende fremdartig und stets in der Gefahr, nun doch noch metaphysisch gefaßt zu werden.

»Sein« und »Wahrheit« sind beide anfängliche Namen und nennen hier den Anfang selbst.

Jetzt erst ist zu erkennen, was Wandel des Wesens der ἀλήθεια bedeutet:

1. daß sie, was alles Nachfolgende zur Metaphysik bestimmt, in den *Dienst* des Seins als ἰδέα kommt. Platon vollzieht bereits

[1] Vorgesehen für Band 73 der Gesamtausgabe.
[2] Vorgesehen für Band 73 der Gesamtausgabe.

den ersten Schritt der Umkehrung des freilich noch anfänglich Ungegründeten. Nicht Wahrheit ist Wesung des Seins, ist das Sein anfänglich, sondern das Seiende kann in den Bezug eines (vorstellenden) Angleichens zu ihm kommen.

Aber selbst dieses und alles Folgende der Metaphysik bis zur Gleichsetzung Nietzsches von Sein (Bestandsicherung) und Wahrheit (Sicherheit, Festigkeit) ist nur möglich, weil anfänglich die Wahrheit die Wesung des Seins ist. Deshalb bleibt das Sein und seine Bestimmung jederzeit im Rahmen des Bezugs zur Wahrheit.

2. Vollends deutlich kommt diese Rolle der »Wahrheit« heraus als Beginn der eigentlichen Metaphysik. Hier ist Wahrheit Gewißheit (Sicherung der Beständigung in der Beständigkeit des Vorstellens).

Sein wird auch jetzt von der »Wahrheit« her begriffen, aber so, daß Sein in der »Wahrheit« sich auflöst, die selbst als Gewißheit die Subjectität auszeichnet. Daß Sein zur Vorgestelltheit wird, bedeutet nicht eine bloße Subjektivierung des Seienden, sondern ist eine ins Unwesen verschlagene Wesensfolge dessen, daß Wahrheit die Wesung des Seins ist und jedesmal sein muß. Die Subjektivierung kommt aus dem Sein, daß dieses geschichtlich west in der Anfänglichkeit, d. h. in der Wahrheit.

Zur Anfänglichkeit des Anfangs gehört der Entzug, das Überlassen des Entsprungenen an es selbst, an den Fortriß des mitbekommenen Wesens.

Weil die Wahrheit die Wesung des Seyns, deshalb muß im Übergang vom ersten zum anderen Anfang die Wahrheitsfrage anfänglich gefragt werden. Die Besinnung auf das Wesen der Wahrheit in »Sein und Zeit« liegt ganz außerhalb der Absichten einer Erkenntnis- und Wissenschafts-lehre; sie will auch nicht »das Wahrheitsproblem«, weil dieses als Titel in der »Philosophie« vorkommt, an sich abhandeln. Alles zielt einzig auf das Wesen des Da-seins und d. h. die Gründung der Wahrheit des Seins zur Inständigkeit eines geschichtlichen Menschentums.

Vordergründlich nimmt sich die Erörterung der Unverborgenheit (Ent-decktheit und Ent-schlossenheit) aus wie etymologisches Spiel mit dem Wort ἀ- λήθεια.

Trotzdem muß, auch wenn der anfängliche Bezug der Wahrheit zum Sein noch lange verborgen bleibt, die Wahrheitsfrage im Übergang gefragt werden und dies selbst in der zweideutigen Gestalt eines »Wahrheitsproblems an sich«. Das Fragen der Wahrheitsfrage bereitet die Inständigung in das Da-sein vor (W.S. 37/38)[1].

Die Wahrheit in ihrem Wesen ist das anfänglich Wahre, weil dieses Wesen das Sein selbst ist und dieses die Entbergung, Verbergung, Er-eignung und diese der Anfang.

48. Die Anfänge

stets nennen in ihrer zerklüfteten Einzigkeit; zwar erweckt das Sagen von beiden doch die Sucht, auf die Zusammenhänge und gar Abhängigkeiten zu rechnen. Doch dies ist es gerade nicht, was das Erfragen zur Besinnung bringen soll. Dafür aber muß doch je in jedem Einzigen das Selbe, aber anfänglich, aber bezuglos, genannt werden.

Die zerklüftete Einzigkeit des Anfangs meint, daß jeder Anfang durch eine Kluft getrennt ist vom Anfang, und daß die Kluft nicht irgendzuvor an sich besteht, sondern in der Anfänglichkeit entspringt. (vgl. die *Innigkeit des Anfangs*).

49. Wahrheit und Irre

Wahrheit ist entbergende Verbergung. So ist sie in sich zugleich als Lichtung die Irre und die Beirrung; denn Entbergung kann

[1] Grundfragen der Philosophie. Ausgewählte »Probleme« der »Logik«. Freiburger Vorlesung Wintersemester 1937/38. Gesamtausgabe Band 45. Hrsg. v. F.-W. v. Herrmann. Frankfurt a. M. 1992[2].

sich von sich aus und für sich anbieten und die Verbergung als das Andere und Überwundene beiseite lassen.

Die Entbergung ist so in sich ein Weg, der wegführt von der Verbergung und darin zeigt sich schon, in solchem »weg von«, die Irre, die im Wesen umtreibt und dem Umtrieb das Offene leiht. Insgleichen kann die Verbergung, für sich genommen, in einen Weg weisen, der von der Entbergung wegführt.

Wahrheit ist wesenhaft als die entbergende Verbergung je die Irre.

Und die Irre ist kein Mangel »an« Wahrheit und keine Verunstaltung, sondern eine Wesensauszeichnung des Anfänglichen, als welches die Wahrheit west.

Irre ist anfänglich auch noch nicht die Verkehrung der Wahrheit, sondern das Ab-gründige des Anfänglichen. Daher bleibt die Kennzeichnung der Irre (im Wahrheitsvortrag 1930)[1] als Unwesen noch am erst hinführenden Ansatz haften, der dem gewöhnlichen Denken geläufig ist, das die Unterscheidung von »wahr« und »falsch« als etwas »an sich« Vorhandenes kennt und aufnimmt.

Die Irre ist der Grund der Möglichkeit des Unwesens im Wesen, dessen, daß das Un-wesen *keine* bloß herzukommende Abträglichkeit gegenüber dem Wesen bleibt.

Wenn daher die Irre ins Wesen der Wahrheit gehört, die Wahrheit aber die Wesung des Seyns ist, und wenn aus dieser Wesung des Seins je das Sein geschichtlich ist, indem es als eine Entscheidung über das Wesen der Wahrheit anfängt, dann muß zu Zeiten die Irre im Seyn hervorkommen und die losgelassene Irre muß die Wahrheit des Seienden (den »Sinn«) bestimmen. *Der Irrsinn muß zuweilen in die Welt ausrollen.* Dann muß sich zeigen, ob ein Menschentum nur auf das Seiende rechnet oder aus dem Seyn zu denken anfänglich genug ist.

[1] Vom Wesen der Wahrheit. In: Wegmarken. Gesamtausgabe Band 9, S. 177–202.

50. Die Entbergung
Ἀλήθεια

als Sein ist die Erwesung der Anwesung des Offenen, in dessen Offenheit die Anwesenheit selbst anwest.

Die Entbergung ist anfänglicher aber auch verbergender und deshalb verborgener als die Anwesung.

Die Anwesung ist anfänglicher (als Aufgang und Rückgang) denn die Anwesenheit.

Die Anwesenheit ist anfänglicher denn die Beständigkeit.

Die Beständigkeit ist anfänglicher denn die Gegenständlichkeit.

Die Gegenständlichkeit ist anfänglicher denn die bloße Sicherheit.

Allein *dieses* Anfängliche (als Sein) ist längst im Fortgang vom ersten Anfang und kann ihn doch nicht verleugnen.

51. Die Anfänge

Der erste Anfang:	Das Sein des Seienden ist. (die Sage) ἔστιν γὰρ εἶναι (*es west* nämlich *an* das Anwesen des Anwesenden)
Die Metaphysik:	Das Seiende ist und seine Seiendheit besteht in… (die Aussage) (Das »ist« wird einfach genutzt)
Der Übergang:	Ist das Seyn? (die Erfragung) das »ist« wird fragwürdig und weist in die Würde.
Der andere Anfang:	Das Er-eignis ist. (das Wort) (die Verwandlung der Macht in die Würde. Der anfängliche andere Mut. *Die Großmut der Langmut für die Würde der Armut der Ereignung*).

In der Aussage »das Seiende ist« hat sich das *Sein* entschieden. Es »west« als Seiendheit. Und die Aussage ist die gewöhnlichste, so gewohnt, daß sie schon gar nicht mehr gesagt ist und wenn sie gesagt wird, als überflüssig gilt. Das »Seiende« genügt und enthüllt selbst alles, was »ist«. Dagegen bleibt künftig noch die erste Sage »das Sein ist« befremdlich und was sie sagt, wird oft und ohne Bedenken zusammengeworfen mit derjenigen der Metaphysik. Deshalb verlangt die Sage eine Erinnerung in das Wesen des Seins und dieses nur vermögen wir, wenn wir schon durch das Seyn angesprochen worden in der übergänglichen Frage: Ist das Seyn? Hier wird schon alles auf das Seyn gestellt und der Absprung des Verlassens der Unterscheidung geschah schon.

52. Die Anfänge

Weil der Anfang nur ist im Anfangen, das Anfangen aber je nur west in einer einzigen und ihrigen Anfänglichkeit, ist der Anfang der Reichtum seiner selbst.

Der Reichtum des Anfangs bedeutet, von außen gesehen, die Mehrzahl von Anfängen. Aber hier gilt keine »Zahl«, da jedes Eine Einziges ist und sich der Einebnung in ein Soviel und Sovielmal entzieht; also gilt hier auch nicht das Einmalige (das in die Historie gehört).

Die Klüftung von Anfang *zu* Anfang bestimmt sich je aus jedem. Jeder Anfang ist in seiner Einzigkeit die Geschichte.

Jetzt wissen wir erst im Ahnen des anderen Anfangs den ersten.

Im anderen Anfang ist der erste Anfang *anfänglicher* und gerade nie beendet.

Anfänglicher west der erste Anfang, wenn sein Aufgehen (φύσις – ἀλήθεια) sich entbirgt als die wesende Verbergung, in der die ἀλήθεια gründet.

Das Schroffe jedes Anfangs.

Die Unvereinbarkeit der Anfänge.

Das Sein ist anfänglicher denn jeder Gott.

Inwiefern fängt schon im ersten Anfang der andere Anfang an?

Der erste Anfang *ist* verborgen die *Ver*bergung. Wie anders sonst sollte er Entbergung sein können.

Die Verbergung wird aber zurückgelegt und währt als das Fragwürdige des Seins –

Die Würde des Anfangs – erst im anderen Anfang.

53. Die Anfänge (die Götter)
Der Übergang. (der letzte Gott)

Der Übergang ist der Gang durch die Zerklüftung des ersten und des anderen Anfangs. Wir wissen nur dieses. Und kein Gesetz an sich für »alle« »Geschichte« soll hier aufgestellt sein.

Im Übergang waltet das Ende der Metaphysik und mit diesem der Anbruch der endgültigen Götterlosigkeit. Diese selbst wird aber zweideutig. Sie ist Ende und Aufhören (historisch gerechnet); sie ist geschichtlich eine Flucht der Götter und diese bestimmt erst den Vorrang des Seienden in seiner Machenschaft.

Die Götterlosigkeit aber ist zugleich ein Anfang. Aber keineswegs der Anfang der Ankunft neuer Götter. Das Suchen und Errechnen und Erwarten der neuen Götter ist nur ein Rückfall in das Ende der Metaphysik. Mit der Götterlosigkeit hebt ein Anfänglicheres an, die Möglichkeit der Ankunft der Entscheidung des Wesens der Wahrheit aus dem Seyn durch das Seyn.

(*Der letzte Gott* – nur noch *zur* Er-eignung des Wesens des Seyns und unbekümmert um den Menschen).

Nicht mehr das Seiendste – denn steigerungslos einfach in sich anfänglich west das Seyn *als* Anfang.

54. Die Anfänge

Die Erinnerung an den ersten Anfang zur Erwinkung des Unanfangenden des anderen Anfangs. Die Erwinkung des anderen Anfangs zur Erinnerung in den ersten Anfang.

Dieser Wechselbezug meint das Eine der Auseinandersetzung der Anfänge im anfänglichen, je und je anfänglich bezogenen Übergang.

Der erste Anfang: ἔστιν γὰρ εἶναι (Parmenides Diels Frg. 6)[1]
es west nämlich das Anwesen des
Anwesenden. ἔστιν = ἐόν
Aufgeht nämlich Sein
d. h. das Sein erwest das Sein (istet)
als Aufgang (Anwesung).
[Als Entbergung west Sein]
ταὐτό
[Das Sein erfüllt das Wesen des ersten
Anfangs]

Der andere Anfang: Das Seyn »ist«,
d. h. das Sein erwest das Sein als *Ereignis.*
Er-eignis: Übereignung des Inzwischen
Ab-gründung des Gewesenden
(Verbergung als solche)
Kunft der Fernung

Anfänglichkeit als verbergende Fernung
des Gewesenden und Kommenden zumal –
der Einfall in das [Seiende].

55. *Die Anfänge*

Erinnern in den ersten Anfang ist Vordenken in das Unvordenkliche des anderen Anfangs.

Denn das Erinnern denkt in die Innigkeit des ersten Anfangs und denkt ihn so anfänglicher. Dieses Anfänglichere aber ist das unausgetragene erst Kommende. Nur aus dem Kommenden läßt

[1] Die Fragmente der Vorsokratiker. Griechisch und Deutsch von H. Diels. Hrsg. v. W. Kranz. Berlin 1952, S. 232.

sich das Gegenwärtige erfahren als das Seiende, das es ist. Nur aus dem Kommenden wirft sich zu die Versetzung in das Sein des gerade Seienden. Dieses Sein ist die Machenschaft, und die Eingenommenheit in diese muß zur Grunderfahrung werden. Der Schrecken ist die erste Not der Erschütterung in den Übergang.

56. *Seyn als der andere Anfang*

ist die einfallende Dazwischenkunft der Ereignung des Da-seins, in dem die Übereignung des Seienden in das Seyn geschichtlich wird.

Das *Da-sein* ist dann das Inzwischen zwischen Seyn und Menschentum.

Bisweilen (»Besinnung«[1]; Geschichte des Seyns, Maschinenabschrift 74[2]) ist die einfallende Dazwischenkunft mit dem vielverbrauchten Wort Ent-scheidung genannt, das hier gerade nicht etwas »Existenzielles« sagen soll, sondern den Austrag, der das Seyn selbst ist, als welches die *Würde* west, die jegliches Seiende erwartungsreif werden läßt für den letzten Gott. Dieser Name nennt den Untergang der Gott-heit als den Übergang ins Andere. Insgleichen wird der Untergang der »Kunst«, die ganz zur Metaphysik gehört, ausgetragen.

[1] Besinnung. Gesamtausgabe Band 66. Hrsg. v. F.-W. v. Herrmann. Frankfurt a.M. 1997.

[2] Die Geschichte des Seyns. Gesamtausgabe Band 69. Hrsg. v. P. Trawny. Frankfurt a.M. 1998, S. 56 ff.

DIE UNTERSCHEIDUNG UND DER UNTERSCHIED

57. *Die Unterscheidung*

(vgl. Aus der Geschichte des Seyns
II. Entwurf, Abschn. II
und Maschinenabschrift S. 38[1]
Vorlesung »Grundbegriffe« SS.41[2])

Gemeint ist hier die Unterscheidung von Sein und Seiendem. Wir sprechen von »der« Unterscheidung, weil sie in allem Unterschiedenen nicht nur, sondern in allem Unterscheiden die erste ist dem Range nach und das in jeder wesentlichen Hinsicht. Sie kann nicht übertroffen werden in ihrer Wesentlichkeit, weil sie nicht nur alles »Wesen« angeht, sondern sogar im Wesen selbst das Wesentliche ist. Denn das Unterscheiden meint hier den Grundzug des Seyns selbst, das als Er-eignis anfänglich aus der Geschiedenheit der Abgeschiedenheit in die Anfängnis herkommt und nur in dieser Herkunft verbleibt.

Wenn wir von »der Unterscheidung« sprechen, halten wir uns sogleich in zwei Hinsichten. Die eine geht auf ein Denken, das unterscheidet und die Unterschiedenen (Sein und Seiendes) als Unterscheidbare gleichsam vorfindet oder gar erst, mindestens ihr eines (das Sein) durch das Unterscheiden »abstrahierend« gewinnt und entstehen läßt, welche Meinung freilich ein Grundirrtum ist.

Die andere Hinsicht, die noch befremden mag, geht auf das Seyn selbst und denkt aus ihm und als Es selbst die Unterscheidung.

[1] Die Metaphysik als Geschichte des Seyns. In: »Nietzsche«. Gesamtausgabe Band 6.2. Hrsg. v. B. Schillbach. Frankfurt a. M. 1997, S. 363–416.

[2] Grundbegriffe. Gesamtausgabe Band 51.

In Wahrheit aber sind beide Hinsichten und das, was sie »sehen«, verborgen, weil ja die Unterscheidung ob ihrer grenzenlosen Geläufigkeit in aller Metaphysik gar nie bedacht worden ist, auch da nicht, wo man von ihr, wie z. B. in der Ontologie, eigens den Gebrauch macht; denn wie soll das Seiende als ein Seiendes eigens gefaßt und das Sein bestimmt werden, wenn nicht schon und überhaupt die Unterscheidung von Sein und Seiendem geläufig wäre, geläufig wie ein Geleis, das langgewohntes Befahren schon ausgefahren hat. Aber »die Unterscheidung«, auch wo sie nur in diesem Sinne, als selbstverständlicher Grund der Möglichkeit der Ontologie, genommen werden mußte, bleibt unbeachtet, vielleicht am meisten deshalb, weil man doch mit ihr, einmal auf sie gestoßen und vor sie gestellt, nichts »anzufangen« wüßte; weil man gerade in dieser Lage am wenigsten zu wissen vermag, daß sie der Anfang selbst ist.

Wenn jedoch das Sein nie ein Seiendes ist und wenn dennoch und einzig nur das Seyn eigentlich »ist« (istet), dann hat die Unterscheidung als Wesung des Seyns ihre eigene Notwendigkeit in sich, ganz unabhängig davon, ob menschliches Denken ausdrücklich einen Anlaß findet, zu bedenken, daß es diese Unterscheidung braucht und gebraucht.

Dennoch verwirrt sich das Durchdenken der Unterscheidung leicht und deshalb müssen verschiedene Wege gegangen werden, die der nächste Anschein der Unterscheidung nahelegt.

So zwingt die Regel des formalen Denkens »die Unterscheidung« selbst zu fassen und nach der Hinsicht derselben zu fragen: Was wird da, im Hinblick worauf, unterschieden? Was ist in der Unterscheidung das Selbe? Worin kommen die Unterschiedenen überein und worin gehen sie zum Unter-schied auseinander? Die Fragen sind richtig, wenn man »Unterscheidung« formal als Verfahrungsweise des Denkens vorstellt und das Denken selbst als Vorstellen von etwas nimmt und das Etwas auf sich beruhen läßt nach der billigen Feststellung, daß es ganz leer als x genommen werden soll.

Diese formale Durchdenkung »der Unterscheidung« scheint

die allgemeinste zu sein von der Art, daß ihr auch noch die Unterscheidung von Sein und Seiendem als eine bereits näher bestimmte und deshalb besondere unterzuordnen sei. Allein dieses Meinen ist irrig. Und der Grund des Irrtums liegt dort, wo das Denken als »Vorstellen von Etwas« sich vergißt und nicht mehr das eigentlich zu Denkende bedenkt, daß ja das Etwas, wie leer es auch sei und ob es gar mit dem Nichts gleichgesetzt sei, dennoch und gerade dann ein Denken des Seins ist und daß, was »Sein« hier sage, doch zu sagen sei. Und hier ergibt sich sofort das Eine: das zu Denkende, das Sein von Etwas, kommt dem Denken nicht kraft des Denkvollzugs zu und auch nicht kraft des Vor-stellens, sondern einzig dank dessen, daß Denken schon, wie ungefähr man es auch fasse, im Offenen des Seins sich halten und an den Zuwurf des Seyns selbst gehalten sein muß. Dann aber ist dem formalen Fragen alles Rechnen untersagt; dann gilt es einzugestehen, was das Seyn selbst sei, wenn es das Denken sogar und eben dieses in seinem Wesen ermögliche.

Wenn die Besinnung zunächst bei dem Vorliegen der Unterscheidung von Sein und Seiendem halt macht, dann ist auch so schon einzusehen, daß sie nicht eine besondere Art von »Unterscheiden« ist, zufolge des besonderen »Inhalts« des Unterschiedenen. Vielmehr ist diese Unterscheidung und d.h. das in ihr eigentlich Unterscheidende und Entscheidende, das Seyn selbst der Anfang aller Unterscheidungen. Die »Dialektik« vermag hier nichts, weil sie selbst schon eine ihrer selbst nicht mehr mächtige Nutznießerin dieser Unterscheidung, nicht etwa des formal leeren Unterscheidens, ist.

Solange die Unterscheidung nur genommen wird als Ergebnis eines Denkens und zwar des metaphysischen, solange besteht allerdings die Notwendigkeit, »die Unterscheidung« zu überwinden. Und diese Überwindung muß bis an ihre eigene Grenze gebracht werden.

Das Seiende erfahrend kennen wir das Sein und wissen es nicht. Das Sein denkend denken wir zugleich an das Seiende. Seiendes und Sein sind unterschieden und sind ein Unterschied.

Aber wie ist dieser Unterschied selbst? Hier ist die Stelle einer Entscheidung.

Geht das Denken jetzt dahin fort, den Unterschied als Ergebnis des denkenden Unterscheidens zu erklären, oder springt das Denken in sein eigenes Wesensdunkel zurück, um dort das Sein als das Unterscheidende zu ersehen?

Jedesmal kann man »die Unterscheidung« in der zuerst vorgegebenen Gestalt überwinden. Und dennoch ist in jeder Hinsicht verkannt, daß das Seyn selbst unterscheidet, dies aber in der Weise, daß es als Anfang die Abgeschiedenheit in die Er-eignung der Lichtung ist, in die erstehend erst »Seiendes« zu Seiendem wird.

Hier liegt allerdings noch ein Mißverständnis nahe. Wenn das Seyn als das Unterscheidende genannt wird, könnte man meinen, dies geschehe aufgrund einer Identität von Denken und Sein im Sinne Hegels. Weil Sein Denken ist und Denken zum Grundakt hat das Unterscheiden (die Negation), deshalb ist das Sein selbst unterscheidend. Das wäre die schwerste weil zugleich feinste Mißdeutung dessen, was in der Wesensbestimmung liegt, daß das Seyn Anfang und Ereignis sei.

Denn das Er-eignen der Lichtung ist die Wesensfülle des Anfangs trotz der Einfachheit dieser Wesung.

Die Lichtung ereignen und darin die Anfängnis in ihren Abgrund zurücknehmen, das ist freilich durch einen Abgrund verschieden von dem Vorstellen von Etwas als dem Einen und Etwas als dem Anderen, welches Vorstellen beider schon die Unterscheidung ist, daß das Eine nicht das Andere und das Andere nicht das Eine ist. Hier halten wir uns im Vorgestellten des leeren Vorstellens, dort aber in der Inständigkeit des Wissens des Anfangs und seiner Anfängnis. Hier im leeren Vorstellen ist das Allgemeinste eines Verfahrens menschlichen Meinens, dort west die Einzigkeit des Seyns selbst, über die menschliches Meinen und menschliche Machtsprüche, menschliche Taten und menschliche Künste nichts vermögen, weil sie schon gar nicht hinreichen in den Bereich des Seyns; es sei denn, daß sie ihr Wesen daran geben und die Er-eignung ihres Wesens durch das Seyn eingestehen. Dann aber ist auch schon das eigensinnige Spiel der scheinbaren All-überlegenheit des formalen Denkens zerflattert und nichtig.

Aber aufs neue muß das Denken, das Denken des Seyns ist, auch dieses zugestehen, daß »die Unterscheidung« so, wie sie sich von der Metaphysik her darstellt, verlassen werden muß. So ergibt sich ein Schein der Zwiespältigkeit. Die Unterscheidung wird verlassen und aufgegeben. Und die Unterscheidung wird doch gerade im Seyn selbst erst »gefunden« und zuvor bewahrt nicht nur vom Denken erst, sondern vom Seyn selbst als dessen eigenstes Eigentum.

Weil das seynsgeschichtliche Denken im Übergang ist zum Rückgang in den Anfang und weil dieser Übergang insgleichen wie auch der Fortgang aus dem ersten Anfang zum Wesen des Anfangs selbst und so in die Geschichte gehört, die das Seyn selbst ist, deshalb darf auch im Durchdenken, das der Besinnung dient, diese Zwiespältigkeit nicht einfach beseitigt werden zugunsten einer eindeutigen »Lehre« vom Seyn; denn es gilt nicht die Erstellung einer Lehre, sondern einzig die Vorbereitung einer Bereitschaft zum Eingestehen eines Bezugs des Seyns zum Menschen, welcher Bezug als die Geschichte selbst das Menschenwesen entscheidet.

»Die Unterscheidung« wird so zum Namen jener Wesung des Seyns, die durch abgezählte Schritte nicht zu ergründen und in Lehrsätzen nicht darzubieten ist; die noch weniger freilich einem dunklen »Gefühl« und »Erleben« überlassen bleiben kann. »Die Unterscheidung« hat die Bestimmtheit ihres Wesens aus der Stimmung des Denkens, die gestimmt ist durch das Eingeständnis des Zuwurfs des Seyns in das Menschenwesen und der Geworfenheit dieses Wesens in die Lichtung des Seyns, welche Lichtung »Da-sein« (»Sein und Zeit«) genannt worden.

Der fernste Blick in das Wesen des Unterschiedes in der Unterscheidung öffnet sich in folgender Besinnung:
Seyn ist Anfang und als Anfang die Ankunft. Zum Anfang aber gehört der Austrag des Untergangs als des Abschieds. Seyn ist Abschied. Im Abschied ist das abgründig anfängliche Wesen des

Unterschiedes beschlossen. Und von hier aus kann mit einiger Gewähr ein Schritt gewagt werden, der sonst leicht ein Fehltritt sein möchte:
Das Wesen des Unterschiedes ist nicht die Unterscheidung, sondern das Wesen der Unterscheidung ist der Unterschied als Abschied. Die Rede von »der Unterscheidung« ist nur dann wesensgerecht, wenn der Name nicht die Tätigkeit des Denkens, sondern die Wesung des Seyns nennt und wenn diese Wesung selbst sich ereignet im Ereignis des Unterschiedes als der anfänglichen Entschiedenheit des Anfangs in die Einzigkeit seines Abschiedes.

58. Die Unterscheidung
(vgl. Anfang und Schleier)

Das wesentliche Denken ist anfänglich. Das anfängliche Denken erdenkt die Unterscheidung des Seins zum Seienden, welche Unterscheidung selbst als Wesen aller Unterschiedlichkeit in die Anfängnis des Anfangs gehört. Diese Unterscheidung läßt sich nicht feststellen als ein Bestand. Sie ist das Ereignis. Sie verbirgt gegenüber dem Denken die Entscheidung aller Entscheidung. Sie ist die Verbergung des anfänglichen und bleibenden Entweder-Oder. Das anfängliche Denken stellt in diese Entscheidung. Aber sie stellt dahin nicht so, als sei diese Entscheidung und das Entscheidbare bereit und als sei nur zu wählen. Die Einfachheit der Unterscheidung und die Entschiedenheit des Unterscheidbaren schließt im Gegenteil die Langmut ein, in der erst die Wahrheit des Anfangs vorbereitet wird zu ihrer Gründung in das denkende Wort, dessen Wesenswandel ein anderes Menschentum in das Sagen beruft. Die Entscheidung ist: *Entweder Sein oder das Seiende* – als Grundgebung des Wesens der Wahrheit.

Die Entscheidung kommt aus dem Seyn, west als der Anfang im Ereignis. Die Entscheidung wird nicht gestellt durch das menschliche Denken, sondern dieses wird seiner Wesensmöglichkeit übereignet durch das entscheidende, unterscheidende, die Unterscheidung erwesende Seyn.

Aber weder im ersten Anfang noch im Fortgang aus diesem (im Vorgang der Metaphysik) west diese Unterscheidung als sie selbst im Wesen ihrer eigenen Wahrheit. Erstmals der Übergang in den anderen Anfang bringt den Zu-fall der Unterscheidung; und dies zunächst noch in der Gestalt der Metaphysik (»ontologische Differenz« in »Sein und Zeit«). Deshalb besteht noch weiterhin die Gelegenheit, der Unterscheidung auszuweichen, indem man sie in den üblichen Fragen der Metaphysik verschwinden läßt, statt in das Ereignis gestimmt zu werden.

59. Unterscheidung und Anfang

Das Sein vom Seienden her unterscheiden, heißt, aus dem Seienden und seiner Erklärung den Leitfaden nehmen für die Bestimmung des Seins.

Das Seiende wird nach dem Hauptunterschied der Metaphysik entweder platonisch-christlichtheologisch gedacht, d. h. kausativ-demiurgisch, oder neuzeitlich, d. h. aus dem Vorstellen der Subjectität und damit »repräsentativ« als Vorgestelltheit und Gewißheit. In der Vollendung der Metaphysik koppeln sich beide Erklärungen des Seienden; und das Sein ist dann Wille, sei dies der Wille des Geistes als Vernunft oder der Wille der Liebe oder der Wille zur Macht.

Das Sein ist das durch die Unterscheidung unterschiedene und so erst gegenüber dem Seienden erst sich ergebende, wobei unklar bleibt, wer wie die Unterscheidung vollzieht.

Sein ist als das so Unterschiedene ein Ergebnis, das sogleich wieder im Seienden untergebracht werden muß. Entweder wird es als Produkt oder Leitfaden (Idee) in das unbedingte Seiende zurückgenommen oder als das Korrelat des Vorstellens in diesem untergebracht.

Das Sein ist aber nicht das abgesetzte und wieder eingeholte

Ergebnis einer nach ihrer Herkunft unbestimmt gebliebenen Unterscheidung, sondern die Unterscheidung ist der auf das Meinen des Seienden *zu*scheinende Anschein des Unterschieds, der selbst ins Wesen des Seyns gehört, da es als Er-eignis west. Der Unterschied ist die Freigabe der Lichtung, in die sich der Anfang aufgehend, aber nicht fortgehend, sondern sich fangend freigibt, das Offene, wie es vor dem Aufgang als Anfang herwest, welcher Anfang in sich zurückgehend Abschied ist. Im Abschied fängt die Schiednis als Unterschied der Er-eignung an und hat in solcher Anfängnis seine Einzigkeit.

Im Ereignis als dem Unterschied (dem abschiedlichen) ersteht das Seiende in die Erständnis je nach seinem Eigenen und durch dieses Erständnis gemäß dem Zufall des Seyns in das Seiende rückt dieses aus dem Unterschied in die Unterscheidbarkeit zum Sein und damit in die mögliche Unterscheidung.

60. Die Unterscheidung

Zunächst könnte man das Verhältnis zwischen dem Sein und dem Seienden unmittelbar zu bestimmen versuchen. Hier bieten sich, zufolge der vorherrschenden, aber unbestimmten Auslegungen des Seins, zwei Wege an.

Das Sein gilt als das Auszeichnende »am« Seienden, als das, was das Seiende zu Seiendem »macht«. Also besteht das Unterschiedsverhältnis in einem Wirkungszusammenhang zwischen dem Sein und dem Seienden. Jenes bewirkt (als »Kraft«) dieses und dieses (das Seiende) ist das Wirkliche (als das Gewirkte), und Jenes (das Sein) ist das Wirkliche als die wirkende Wirklichkeit.

Das Sein kann aber auch hinter dem Seienden zurückstehen, sofern es nur die allgemeine »Vorstellung« vom Seienden ist, das nur Gedachte, Abstrakte. Das Sein bleibt dann lediglich das vom menschlichen Meinen dem »Seienden« Zugedachte, dessen das »Seiende« gar nicht bedarf um zu sein. Jetzt ist das Sein ein Erwirktes des Seienden, nämlich des seienden Menschen.

Oder das Sein wird gleichgesetzt mit der Gegenständlichkeit des Seienden als Gegenstand dergestalt, daß »Seiendes« nichts anderes besagt als Gegenständliches. So ist das Sein ein »Produkt« des Wirkens des »Seienden« (der Affektion) und des Seienden des »Ich bin« (der Spontaneität des »Bewußt*seins*«).

In Wahrheit sind alle Arten der Auslegung des Verhältnisses zwischen Sein und Seiendem durch den Hinblick auf ein Wirken bestimmt. Dies hat seinen Grund darin, daß seit der Umbildung der ἐνέργεια – οὐσία ins Römische der Charakter des Wirkens und der Aktion für das Seiende maßgebend wurde, sei dies im Sinne der Entfaltung der menschlichen Wirkfähigkeit (imperium), sei es im Sinne der Maßgabe des göttlichen Wirkens (creatio).

Wie verhält sich zu dieser unausdrücklichen Bestimmung der Unterscheidung das anfängliche (aus dem Anfang her gestimmte) Denken?

Das Seyn »wirkt« nicht auf das Seiende, noch ist es das vom menschlichen und göttlichen Vorstellen Gewirkte. Seyn ist unendlich verschieden vom Wirken und unantastbar durch menschliches Meinen.

Seyn ist Er-eignung, aber das Er-eignis wirkt nichts – es ist Übereignung ins Eigne und Zueignung seiner Innigkeit.

Sein als Seyn »ist« selbst Unterschied und niemals ein Glied und eine Seite der Entscheidung und Eines der beiden Unterschiedenen.

61. Das in der Unterscheidung ungenannte Offene

In der Unterscheidung ist ein »Zwischen« gesetzt; und dieses Zwischen bleibt freilich in aller Metaphysik unbeachtet, unbedacht und unerfahren. Aber dieses »Zwischen« ist das Offene, in dem das Seiende je in sein Eigenes aufgeht und ersteht und so für eine Vergegenständlichung in der Verfügung steht. (Die Verfügung ist der wesende Anfang als Ereignis in das Eigene).

Die Eröffnung dieses Offenen ist die verborgene und als Ereignis wesende Geschichte.

Dieses Offene überragt unendlich, d.h. wesenhaft jeden Raum und jede Zeit, mögen diese auch unermeßlich gedacht sein in einem kosmischen Sinne.

Dieses Offene ist aber bei dieser Überragung nicht etwa »größer« als diese Bereiche, sondern es ist wesenhaft anders, größenlos und daher weder aus dem Großen noch aus dem Kleinen bestimmbar.

Dieses Offene ist dem Tier und der Pflanze verschlossen, deren »Wesen« freilich wie alles Lebendige umgebungshaft ist und seine eigene Reichweite hat, in der es mitschwingt.

62. Die Überwindung der Metaphysik
ist
das Verlassen der Unterscheidung
(Abschied)
(Einfall – Da-zwischenkunft)

1. Das Verlassen der Unterscheidung meint nicht das bloße Aufgeben derselben, ein Stehenlassen dieser, als sei sie ein bewohnbares Gehäuse.
2. Das Verlassen und nur *es* macht erstmals die in aller Metaphysik wesende, aber ungedachte und unbegriffene Unterscheidung offenbar.
3. Diese Enthüllung vollzieht sich in der Weise, daß noch ein Absprung aus dem bisherigen Vorrang des Seienden vollzogen, das Springende dabei ist aber schon das reine Sagen des Seins.
4. Durch dieses Verlassen wird die Unterscheidung selbst entgründet; (Ent-gründung meint hier Entziehung der Möglichkeit und Notwendigkeit der Gründung; nicht etwa Beseitigung der vollzogenen; da diese Begründung stets fehlte, was die Metaphysik zugleich auszeichnet).

   Die Metaphysik verliert ihr Wesen. Daß sie gerade zu solcher

Zeit öffentlich sich ausbreitet, spricht nicht gegen das Ende ihrer Geschichte.

5. Trotzdem muß »die Unterscheidung« und was durch diesen Namen anklingt wesentlich durchdacht werden.
6. Das Verlassen der Unterscheidung besagt zwar Aufgeben des Aufenthalts, des unergriffenen, aus dem die Metaphysik den Vorrang des Seienden anerkennt und so auf das Sein verweist, ohne die in solcher Verweisung beschlossene Unterscheidung zu fassen.

   Das Aufgeben ist aber nur die Wesensfolge der Inständigkeit im Aufenthalt im Sein.

   Das Ver-lassen ist das Sichnichtmehr-einlassen auf den Vorrang des Seienden und die wie immer geartete Nachträglichkeit des Seins als der Seiendheit in ihren mannigfachen metaphysikgeschichtlichen Abwandlungen. Nachträglichkeit des Seins ist auch dort, wo das Sein in die prima causa (Deus creator) versteckt wird.
7. Weshalb jedoch ist überhaupt das Sicheinlassen auf die ohnedies ungegründet gebliebene Unterscheidung nötig? Weil nur *so* das Wesen der Metaphysik sich enthüllt und es so eigens in die Seynsgeschichte zurückgenommen wird. Erst in dieser Geschichte vollzieht sich die Überwindung der Metaphysik. Das Denken muß für diese Rücknahme Sorge tragen, obzwar gerade dieses Sicheinlassen auf die Unterscheidung und das Verlassen dieser nie historisch werden darf, sondern in der Verbergung bleiben muß. Nicht einmal die Möglichkeit einer »philosophischen Position« wird dadurch gewährt. So entschieden denkt das gemäße Denken der Unterscheidung aus dem Seyn und wahrt sich den Charakter des Übergänglichen.

   Daran liegt es aber auch, daß das Denken »der« Unterscheidung diese bald als Grund der Metaphysik zu suchen und darin ein Endgültiges anzunehmen scheint, bald aber auch sogleich nur der Vorbereitung in das ausschließliche Sagen des Seins dient.
8. So kann die wesentliche Einsicht erwachsen, daß für die Unter-

scheidung (diese einmal festgehalten) das Bestimmende nur das wesenhaft Be-stimmende, d. h. das Stimmende und somit die Stimmung sein kann als die Wesung des Seyns selbst.

Dergestalt wird die Unterscheidung anerkannt und doch zugleich zurückgenommen, da ja doch das Sein selbst die Scheidung übernimmt und das Seiende nur wie eine Gelegenheit erscheint, die einmal in den Unterschied einbezogen wird.

9. Hier erreicht das Denken jedoch zugleich eine entscheidende Frage, die im anfänglichen Denken eine andere Gestalt gewinnt als in aller Metaphysik.

   Die Frage erhebt sich: Woher das Seiende? Aber ist das nicht die erklärungssüchtige, ursachenbesessene Frage der Metaphysik? Nein – denn jetzt meint das Woher allein dies: wie kann das Seiende in das Sein her-wesen? Ist das Seiende gar schon »vor« dem Sein, obzwar dann noch nicht als »das Seiende«? Das Vordem-Seiende, kann dies denn überhaupt so genannt werden? (vgl. das Ereignis und das Seiende)

10. Wesentliche seynsgeschichtliche Einsicht: Seyn ist später denn [»Seiendes«]. Sein fällt erst je in das [Seiende] ein, so zwar, daß dieser Ein-fall eine *Dazwischenkunft* wesentlicher Art ist. Sie ereignet das Inzwischen selbst.

    Dieser Ein-fall des Seins in das Seiende ändert an diesem gerade nichts, sondern läßt es erst und nur das Seiende *sein*, welches Sein vor der Dazwischenkunft das Verborgene des Seins, eben der Verbergung, war.

    Diese ereignishafte Dazwischenkunft ist ganz anderen Wesens denn das »Später« und die Nachträglichkeit der Seiendheit zum Seienden. Die Dazwischenkunft kann auch nicht aus dem Wandel des Menschen erklärt werden, sondern eher im Gegenteil: das Menschenwesen erlangt die Möglichkeit eines Wandels aus der Übereignung in das Dasein.

    Seynsgeschichtlich anfänglich gedacht kann daher [»Seiendes«] [sein] *ohne* das Sein; *dann* ist weder Verbergung noch Entbergung; am wenigsten ist *dann* das Nichts. Dessen Anfang verbleibt im Sein. »Dann« »ist« auch kein »dann« und »vordem«. Denn die »Zeit« und zwar als *ekstatische* Lichtung des An- und Zu- und *Ge*-wesens, nicht erst als bloßes Nacheinander, ereignet sich als Er-eignis. Hier ist die anfängliche Geschichtlichkeit.

11. Das Sein in der ereignishaften Dazwischenkunft fordert vom Denken die Freigabe aller Fragerichtungen, die sich noch an die »Apriorität« klammern und alsbald das Sein in die Seiendheit verkehren. [die Ermöglichungs-frage!]

    Allein damit sind die Fragen der Bezüglichkeit des Seins zum Seienden nicht abgeschnitten.

    Die Bezüglichkeit ist selbst Geschichte und in anfänglicher Weise *kehrig*. Vom Sein als Ein-fall zum (Seienden), vom Seienden zum Ereignis, vom Ereignis zum Da-sein, vom Da-sein zur Zeitigung des Seienden als eines solchen.

12. In der Geschichtlichkeit der Dazwischenkunft des Inzwischen enthüllt sich erst das Wesen der *Verwehrung* (ἄπειρον) und der *Verbergung* (ἀλήθεια).

    Hier ist die Rück-gänglichkeit des Anfangs, das Anfangen des Abgrundes erst wißbar in jenem Wissen, das nicht vor-stellt, sondern innesteht in der Er-eignung.

13. Das Sagen des Seyns im anderen Anfang kommt demnach (trotz des Verlassens der Unterscheidung) aus der Überwindung, und insofern bleibt in diesem Sagen noch ein Hinweis auf das Seiende in seiner metaphysischen Art des Vorrangs. Der Unterschied wird nicht ausgelöscht. Aber er wandelt sich wesentlich.

14. Die ereignishafte Dazwischenkunft, als welche, in [das Seiende] einfallend, das Sein west, kann im ersten Nennen doch niemals geschichtlich-anfänglich, also im Anfangen selbst, gesagt werden. Das Erste ist auch hier ein Aufenthalt. Aber der Versuch muß gewagt werden, diesen Aufenthalt aus dem Sein selbst und *als* das Sein zu entfalten. Nicht etwa, als sei das Sein nur das »Medium« und der »Äther« des Aufenthalts. (Er-eignung, Dazwischenkunft und Aufenthalt).

15. Ohne den ausdrücklichen Bezug zur anfänglichen Dazwischenkunft versuchen die Leitworte vom Sein (S.S.1941)[1] diesen Aufenthalt überhaupt nur als das Erinnerbare zu zeigen.
16. Die Anfänglichkeit des Seins ist zugleich das, was in »Sein und Zeit« und im Kantbuch[2] als die »Endlichkeit« des Seins gesucht wurde. Dies alles aber geriet rasch in die metaphysische Mißdeutung. Das Endliche wird überdies, echt metaphysisch, für »unendlich« gehalten; sei es, daß schon das Sagen vom Endlichen als ein Hinausgehen über das Endliche erklärt wird; sei es, daß die unbedingte Unendlichkeit des absoluten Wissens ein Endliches gleichsam nur bedingungsweise, als Anhalt der Aufhebung, zuläßt; schließlich kommt noch dazu die »Endlichkeit« im Sinne der groben Geschöpflichkeit.
17. Das Verlassen der Unterscheidung ist die Sage des Seyns selbst aus der Er-eignung in das Da-sein.

    Das Verlassen ist gleichwie die Nennung und Durchdenkung der Unterscheidung ein Noch-zulassen *des Seienden* in der Unterschiedenheit zum Sein, das hier zugleich in die Zweideutigkeit der Seiendheit (metaphysisch) und des Seyns (anderer Anfang) kommt.

    Das Verlassen, die Nennung, die Durchdenkung gehören in ihrer Einheit zur Überwindung der Metaphysik, welche Überwindung anfänglich ist, sofern sie nicht bloß auf das Ende der *Metaphysik*, sondern auf den ersten Anfang und den anderen Anfang, sie auseinandersetzend, bezogen bleibt.

    Deshalb ist auch das Seiende, das noch zugelassen wird, nicht überhaupt und unbestimmt das Seiende, sondern das Seiende als das Wirkliche, sofern die Wirklichkeit den Vorrang vor Möglichkeit und Notwendigkeit besitzt und sich als je gewirkte Wirksamkeit bestimmt. Der verhüllte auszeichnende Charakter des Seienden als des Wirklichen ist die Brutalitätsfähigkeit, an der sich entscheidet, was »ist« und was

[1] Grundbegriffe. Gesamtausgabe Band 51.

[2] Kant und das Problem der Metaphysik. Gesamtausgabe Band 3. Hrsg. v. F.-W. v. Herrmann. Frankfurt a. M. 1991.

»nicht«. Die vielgenannte »Lebensnähe«, die von allem Seienden gefordert wird, hat nur die Rolle des täuschenden Vordergrundes, wobei unentschieden gelassen scheint, was »Leben« heißt. Aber »Leben« meint hier Wille zur Macht und d.h. Machenschaft. Das Noch-Zu-lassen des so wesenden Seienden in der Überwindung ist kein Rückfall an den Vorrang des Seienden und seiner Seiendheit, sondern das innerste Wesen der Überwindung. Denn bloße Abkehr und Verwerfung ist stets noch Bindung und bloße Abgeschiedenheit. Dagegen ist das Zulassen die Weise der anders anfänglichen Inständigkeit im Seyn. Überdies gibt dieses Zulassen das Seiende gerade frei für die Dazwischenkunft, als welche das Seyn sich ereignet.

18. Die Unterscheidung des Seyns zum Seienden ist Anfang und Grund der Unterscheidung von essentia und existentia (vgl. Aus der Geschichte des Seyns[1]).

    Die Unterscheidung des Seyns gegen das Seiende muß aber doch im ersten Anfang auch schon aufleuchten, ohne *als* Unterscheidung, ohne *als* Anfängnis des Anfangs ins Wissen zu kommen. Was ist sonst die Unterscheidung von ἀλήθεια und δόξα?

63. Die Unterscheidung und das »als«

Das »als« ist das Gezüge, in dem sich alles Unterscheiden und »Bestimmen« hinzieht. Das »als« wird scheinbar vom Denken »gesetzt« und mitgebracht. In Wahrheit aber ist es die Nennung der Unterscheidung, sofern sie als Wesung des Seyns die Offenheit ist für alles Verhalten und Sagen.

Das »als« ist vielfältig. Innerhalb der Metaphysik nennt es die Erfahrung des Seienden als eines Seienden: die Bestimmung eines »Subjekts« im Satz »als« das und das durch das Prädikat; die Abhebung des Objekts (Gegenstandes) gegen das »Subjekt«.

[1] In: »Nietzsche«. Gesamtausgabe Band 6.2, S. 363–416.

Von hier aus wird das »als« überall in die Rede und in das wortlose Verhalten einbezogen.

Vor der Mißdeutung des »als« (qua, ᾗ) schützt allein die Besinnung darauf, daß das formale Denken nicht Anfang und Grund und Maßgabe sondern Ende und Folge und Gemessenes ist und nur durch seine Leere und Selbstvergessenheit im Wesen sich die Universalität anmaßen kann.[a]

DER ANFANG
ALS
UNTERGANG

64. Untergang

Das Anschwingen des Anfangs in den Rückgang unter die Würde des Sicherwehrens der Abgründung zur Innigkeit der Bergung seines Eigentums aus der Ereignung im Eigensten für die Verbergung des Einzigen.

Der Untergang ist die erste (d. h. einzige) Einzigkeit des Aufgangs in sein Wesen, ist der anfangende Anfang.

Der Untergang *ist* die Einzigkeit des Ereignisses. Das Ereignis »ist« aber selbst nicht mehr in der Weise eines sonstwie noch wesenden Seins.

Wenn der Untergang das Ereignis ist, läßt sich auch nicht sagen, das Sein »höre auf«; denn es dauert ja nicht. Gleichwenig kann man meinen, das Sein daure fort »im Verborgenen«; denn es ist keine Verborgenheit außer der Verbergung selbst. –

Die Verbergung in das Eigenste ist die Erfüllung des Seins mit der anfänglichen Nichtung.

Die Verbergung ist die höchste Bergung, Ein- und Untergehen in das Eigentum der Einzigkeit.

[a] (Das als der Verwindung)

65. Untergang und Verschenkung

Die höchste Verschenkung übereignet die Verwehrung des Eigentums in das Da-sein.

Diese Verschenkung ist die reine Verbergung in die Innigkeit des Untergangs.

»Unter« sagt hier nicht »hinab«, sondern eher hinauf in die Bergung (»unter« den Bogenschwung ihrer Würde).

Der Verschenkung kann kein Nehmen und keine Sucht Entsprechung geben, nur die Großmut der Armut im Seienden durchstimmt das Da-sein.

66. Anfang und Untergang
(vgl. Abschnitt 90)

Untergang ist das Letzte und Höchste des in seine äußerste Anfänglichkeit eingegangenen Anfangs. Wann dieser Untergang ist, weiß keiner. Daß er schon west, liegt im Wesen des Anfangs selbst. Der Anfang muß Untergang sein. Weshalb? Zu scheiden bleibt zwischen:

dem *übergänglichen* Untergang, zwischen den jeweiligen Anfängen, und

dem *anfänglichen*, d. h. letzten Untergang als der ersten und d. h. einzigen Anfängnis.

Wenn Untergang zum Wesen des Seins gehört, dann geht im Untergang der Anfang in seine Verbergung unter. Wir können jedoch nicht sagen, das Sein werde zum Nichts, selbst wenn wir da das nichtige Nichts meinen.

Der Untergang ist die Enstasis der Zeit, das Letzte, der Abschied »des« Anfangs. Aber Abschied ist nie Nichts. Er ist jenes Anfängliche des Anfangs, in dem erst die äußerste Einzigkeit des Seins erdenkbar wird.

67. Warum und wie gehört der Untergang zum Anfang?

Besteht der Untergang nur darin, daß das aus dem Anfang Aufgegangene und von ihm Fortgegangene eines Weitergangs einmal aufhört?

Gleichwie Beginn und Ende in sich und in ihrer Zugehörigkeit eigenen Wesens sind, gleichdem ist der Untergang eigens nur aus dem Anfang bestimmt. Der Untergang entspricht nicht als das andere dem Anfang, sondern ist der Anfang selbst, sofern er ins Anfangen eingegangen und nicht nur erst aufgegangen ist.

68. Der Untergang und das Seiende

Der Untergang überläßt das Seiende der Seinlosigkeit. Diese untergängliche Überlassung ist das Letzte, was aus dem Anfang noch gesagt werden kann. Das Seinlose ist der Name für das Unsägliche. In ihm west der Schein, als sollte das Seiende nun doch aus eigener Beständigkeit weiter beharren, und dieser Schein erschleicht eine Ansicht, die in Wahrheit nur der Rückfall ist in die metaphysisch grundlose Vor-stellung von einem Anwesenden, dem man darin eine eigene Auszeichnung gibt und glaubt geben zu müssen, daß man es jederzeit vorfinden kann.

Aber das Sein west in der Anfänglichkeit und Einzigkeit, nicht aber in der Beständigung auf das bloße Und-so-weiter eines sonst leeren Vorhandenen.

Die untergängliche Erinnerung ist die Verabschiedung in die Seinlosigkeit, durch welchen Abschied gerade das Sein noch einmal in seinem Zuletzt zurückverwahrt wird in die Verwehrung.

69. Der erste Anfang und der Untergang

Der erste Anfang west so einzig in der Entborgenheit selbst, daß er weder Verborgenheit als Verbergung würdigt und dem Wesen des Seins dahin folgt, noch das Geringste vom untergänglichen Wesen des Anfangs aufkommen läßt.

Die Entborgenheit, das ist τὸ μὴ δῦνόν ποτε, das niemals Untergehen der Aufgegangenheit, die im Aufgang, der Entbergung west.

Hier schon ist der anfängliche Anhalt für den Fortgang in das ἀεί der Beständigung.

Anders, aber gleich wesentlich das ἕν des Parmenides.

70. Der Untergang und der andere Anfang Übergang und Untergang

Die Überwindung der Metaphysik ist die seynsgeschichtliche Verwüstung des Seienden aus der Seinsverlassenheit.

Diese Verwüstung ist der *Beginn* des Untergangs.

Der Untergang bedeutet hier zunächst, daß das Seiende aus der Herrschaft über das Sein herabstürzt – (das anfängliche Wesen des Untergangs).

Der Untergang ist, lang vorbereitet und ausgebreitet, plötzlich und einzig als Wesung des Seyns.

Untergang – läßt aber gerade das Seiende noch fortbestehen (vgl. die Verwüstung und ihr Schein); und in »das Seiende« fällt das Seyn als die Dazwischenkunft.

Den *Untergang* erfahren *nur* die einzigen Anfänglichen.

Alle Spätlinge samt der Spätesten dieser können vom Untergang nichts wissen und bewegen sich nur in Mißverständnissen.

71. Untergang
(als übergänglicher Untergang verstanden)
vgl. der Anfang als Untergang

Nur Anfängliches kann untergehen, denn der Untergang ist der Rücksturz in den Anfang, jedoch so, daß dieser Anfang einen anderen Anfang anfangen läßt. Auf diesen ist der Untergang in sich bezogen.

Wenn nun aber die Metaphysik seynsgeschichtlich nichts Anfängliches ist, dann kann sie auch nicht untergehen, sondern nur das Ende finden.

Sofern aber dieses Ende der Metaphysik zugleich als ihre Vollendung das Ganze der Metaphysik enthält, sofern die Metaphysik die einzige (weshalb) Möglichkeit des Fortgangs des Anfangs ist, muß zugleich in der Vollendung der Metaphysik der Untergang des ersten Anfangs sich verbergen.

Die Verbergung kündigt sich an, sofern ein Übergang ist zum anderen Anfang. Darin liegt, daß alles Erstanfängliche und das Ganze seines Fortgangs jetzt nur sich aus dem anderen Anfang bestimmt.

II. DER ANFANG UND DAS ANFÄNGLICHE DENKEN
DAS ERDENKEN DES ANFANGS*

* Hier geht ein Abschnitt voraus des Titels DENKEN UND ERKENNEN – DENKEN UND DICHTEN (vgl. Hölderlinvorlesung 1941/42). [Anm. d. Hrsg.: Dieser Abschnitt wurde von Martin Heidegger eingeordnet in »Das Ereignis«, vorgesehen als Band 71 der Gesamtausgabe.]

72. Wenige müssen den Anfang in das Anfängliche retten

Wenige müssen den Anfang in das Anfängliche retten, wenn dies auch nur auf schmalem Pfad gelingt und auf langer Wanderung und bei seltener Helle.

Der Anfang ist die Not ...

Jeder Anfang ist anfänglicher denn der erste Anfang und ist so dieser selbst in seiner einzigen Zukunft.

Nie gilt es, in der Erinnerung in den ersten Anfang »hinter« diesen zurückzugehen, sondern aus seiner Innigkeit in den anderen Anfang vorzugehen (Untergang).

Die innigste Anfänglichkeit ist der Untergang.

Der Anfang ist die Not des Untergangs.

Zuvor ist nötig und langehin der Sorge anzuvertrauen die geringe Zugehörigkeit in den Anfang. Weither und in allem fast dunkel kommen die Opfer, die noch einmal und vielleicht zur letzten Frist die Deutschen in die Zugehörung weisen und ihnen zu wissen geben, daß keine Zwecke mehr taugen und alle »Ziele« nur die Verirrung in die Machenschaft betreiben und alle »Werte« nur der Einrichtung der Verwüstung dienen.

Nicht ein »Wozu?« dürft ihr mehr fragen. Nur die einfache Not ist wissend zu übernehmen.

Die Armut im Anfänglichen, das den Anfang noch verbirgt, erwürdigt, ohne das Pochen auf Erfolge, den Anfang. Denn das Seyn als Anfang ist die wesende Stätte der Würde, zu der ein Seiendes frei sich übereignet wird, wenn die Dazwischenkunft des Seyns sich ereignet.

Im Augenblick der Opfer möchte oft die Frage nach dem Wozu? sich eindrängen. Aber das Opfer bedarf jetzt nicht eines Zweckes. Denn es ist in sich Er-eignung des Wesens des Seyns; aber das ist es für lange Zeit im Unbekannten und Mißdeuteten. Die Rechnung und das Behagen im Bisherigen stützen in ihrer Weise aber gleich ausschließlich die Mißdeutung des Opfers, in dem sie sein Einfaches, den Ereignischarakter des Winkes in das

Zugehören, nicht erfahren lassen, sondern sogleich in das Erklären sich verlegen.

73. Anfang

Wenn wir nicht mehr der Zeichen bedürfen und kein Bezeichnetes mehr zu erhaschen trachten als wirkenden Halt, dann treten wir in den Beginn der Bereitschaft zum Anfang.

Aber immer brauchen dann noch die Vielen mancherlei »Bilder«. Nur selten schöpfen Einzelne einmal aus dem bildlosen Wort das Seyn.

Und zuweilen kann sich dieses Wort unter die Bilder verlieren. Dort weilt es dann mit in der gleichen Gegenwart und ist wie ein Stern, der, uns zugewendet, doch sich für eine unendliche Spanne in das Dunkel des Anfänglichen verwendet.

74. Das seynsgeschichtliche Denken

denkt anfänglich und denkt nur die Anfänge, denkt die Anfängnis und hat so anfänglich das Seyn in die Verwahrung zurückgewürdigt. Die anfängliche Würdigung des Seyns besteht in der »Überwindung« seines Wesens, die eine Verwindung in den Anfang ist.

Das seynsgeschichtliche Denken will nicht ein Vergessen des Seyns, wohl aber seine Verwindung in die Anfängnis.

Der Anfang fängt das Sein an.

Der Anfang als Untergang verwindet das Seyn.

Der Anfang »ist« das Seyn, will sagen, seine Anfängnis verwindet das »ist« und das Seyn.

Seynsgeschichtlich: d. h. Eingang des Seyns in die Geschichte als das Ereignis des Anfangs.

75. Das seynsgeschichtliche Denken des Anfangs

läßt den Anfang als das Seyn und die Anfängnis als Wesung des Seyns wesen und d. h. anfangen.

Dieses Anfangen, das durch das Denken nicht gemacht, von dem das Denken vielmehr ereignet ist, west als der Untergang.

Die Überwindung der Metaphysik ist nur der Beginn der Überwindung des Seyns, das in seinen Anfang untergeht, welcher Untergang zur Innigkeit des Abschieds wird.

Aber die Überwindung der Metaphysik ist nötiger Vordergrund der anhebenden Seynsgeschichte, in der das Seyn selbst untergeht.

Das Ereignis des Anfangs ist die Einzigkeit der Wahrheit im Untergang zum Abschied.

Die Überwindung der Metaphysik ist Vorspiel der Verwindung des Seyns.

76. Der Anspruch des seynsgeschichtlichen Denkens

Wir stehen in der Vorbereitung des seynsgeschichtlichen Denkens. Und diese Vorbereitung kann nur ein Geringes wollen, wenn ihr »Wille« von der Wesensart einer Langmut ist, die dem Gemüt des schon er-eigneten Da-seins entstammt. Das Geringe beschließt sich darin, daß erst dies erlangt werde in der Geschichte des abendländischen Menschentums: die Wandlung des Menschenwesens aus dem Bezug zum Sein durch dieses und für dieses in den Bezug zu ihm. Die Befreiung aus der Vormacht des Seienden und seiner Seinsverlassenheit bleibt das nächste Einzige. Das Geringe ist schon genug; denn in ihm muß sich schon eine Würdigung der Würde des Seins ereignen.

Diese Würdigung des Seins ist geschichtlich nicht nur wie das Denken des ersten Anfangs, das aus diesem kommt und in seiner Entborgenheit verbleibt. Die Würdigung ist Erinnerung in die Innigkeit des Anfangs.

Gering ist der Anspruch und dennoch muß in der Entsprechung zum Wesen des Anfangs das Denken schon in das Äußerste der Innigkeit des Anfangs vordenken und den Untergang wissen, der zum Anfang gehört. Für das gewöhnliche Ohr wäre es kaum zu ertragen, wollte man das seynsgeschichtliche Denken in dem benennen, was es als das anfängliche Denken sein muß. Das seynsgeschichtliche Denken ist das untergängliche Denken. Unvergleichbar ist dies von aller historischen Untergangsstimmung, die nur an Verendung und Aufhören, an Unvermögen und Verfall sich klammert und sich dieses als bloßes Ende vorrechnet.

Gleich äußerlich und nur historisch wäre aber das Meinen, das nun im Gegensatz zu der Verendung auf diese einen Aufstieg erhofft und sich über das Schlimme des Aufhörens des Bisherigen wegtröstet.

Indessen muß das seynsgeschichtliche Denken inständlich genug sein, um den Untergang als das Eigenste des Ereignisses im voraus vorzudenken und nie aus dem Gedanken zu lassen.

Das seynsgeschichtliche Denken denkt in den Anfängen und denkt aus der Auseinandersetzung des ersten und des anderen Anfangs.

Der erste Anfang ist der aufgehende und den Fortgang bereitende Anfang (ἀρχή als die Verfügung). Fortgang weist in den Übergang.

Der andere Anfang ist der untergehende Anfang und bereitet den Abschied. Dieser ist die innige Anfängnis.

Der andere Anfang ist der anfänglich anfangende Anfang.

Der Übergang in den anderen Anfang.

Schon die erste Vorbereitung für den Übergang, der selbst ereignishaft bleibt, steht vor kaum übersteigbaren Hindernissen, wenn es gilt, in das Sein selbst vorzudenken und d.h. aus dem Seyn selbst ereignet zu werden.

Eine Hilfe ist die Erinnerung in den ersten Anfang, weil sie die Entbergung als Wesung des Seins zu zeigen vermag. Aber sie, die Erinnerung, steht in dem kaum zu behebenden Verdacht der bloßen historischen und daher doch »subjektivistischen« und gemachten Vergegenwärtigung. Das Vordenken in das Sein aber, das ganz aus dem Aufenthalt des Zeitalters sich aufmacht, begegnet überall dem Schein, das Sein sei eigentlich stets das Wirksame und neuzeitlich gedacht der Wille; und daher »sei« das Seiende das Gewirkte, Gemachte, Gegenständliche und Gemeinte.

Für diese Verhärtung der Wahrheit des Seienden, wonach das Seiende ein Gemachtes bleibt, trägt die christliche Auslegung des Seienden die weitest tragende und noch kaum abgeschätzte Verantwortung. Daher ist es eine besondere Merkwürdigkeit, daß eines Tages das »Christentum«, und was sich so als Metaphysik nennt, meint, sich auflehnen zu müssen gegen die »Macht«, wo doch das Sein als Macht der echtbürtige und geradlinige Nachkomme und Erbe der christlich gemächtehaften Auslegung des Seienden ist, das Erklären, als vermeintlich einzige Art des Wissens vom Seienden, (entsprechend der Herrschaft der Ursache in der Bestimmung des Seins), das Erklären der Wissenschaft, der neuzeitlichen im Ganzen, ist nur die Gegenseite jener Auslegung.

Christentum und neuzeitliche Aufklärung jeglicher Art haben die größte Zerrüttung in die Wahrheit des Seienden gebracht und die Seinsvergessenheit des Seienden gefordert. Weil beides in unkenntlicher Mischung sich als die planetarische Weltauslegung festzusetzen beginnt, ist das Vordenken in das Sein selbst hier [vor] sein höchstes Hindernis gebracht. Trotzdem –

77. Vom Anfang

sagen, dies bedeutet, die Anfänge zum Austrag bringen, den aufgehenden und den untergehenden Anfang je in ihr »Wesen« anfangen lassen.

Austragen als Reifenlassen und zugleich Hintragen zur je eigenen Anfänglichkeit.

Der Austrag ist zumal die Erinnerung in den ersten Anfang und das Vordenken in den anderen Anfang. Aufgabe: die Erinnerung für sich darstellen durch eine einfache Auslegung des ersten Anfangs.

Das Vordenken für sich durchführen durch einen Gang in den untergehenden und eigentlich anfangenden Anfang.

Die Erinnerung führt über οὐσία – φύσις zurück in das Ungesagte der Ἀλήθεια als der ἀρχή.

Das Vordenken geht vor in das Ereignis des Untergangs in den Abschied.

In diesem Vordenken ist wesentlich:
die Verwindung des Seyns und zwar so, daß sie gesagt wird im Sagen des Unterschieds. (vgl. S. 96 f.)

Das Vordenken steht im Zeichen der anfänglichen Fragwürdigkeit des Seyns [Seyn?]

Zwischen den Anfängen ist die Metaphysik als die Geschichte der Wahrheit des Seienden. Zu dieser ist der aufgehende Anfang fort-gegangen. Der Fort-(Weg-)gang aus dem ersten Anfang beginnt mit der Unterjochung der ἀλήθεια durch die ἰδέα (vgl. Platons Lehre von der Wahrheit[1]).

Die Metaphysik zeigt, freilich nur für das Vor-denken als anfängliches Denken, in den Übergang zum anderen Anfang. Im Übergang muß die Unterscheidung des Seienden und des Seins ergründet, muß das Wesen der Wahrheit eigens erfragt werden (vgl. Vom Wesen der Wahrheit[2]).

Der Austrag der Anfänge ist verzögert durch die Metaphysik.

Der Austrag läßt sich nicht durch ein Denken nachträglich bewerkstelligen, etwa gar noch in der Weise einer »dialektischen« Entgegensetzung und Verarbeitung.

Der Austrag ereignet die harte Klüftung der Anfänge in ihre Einzigkeit.

Das erinnernde Vordenken steht in der Ortschaft des Übergangs und sagt aus einem Wissen, dessen Wesen ist die stille Vermutung: das ahnende Er-fragen der Anfänge, das allen Mut des Gemüts durchstimmt.

[1] In: Wegmarken. Gesamtausgabe Band 9, S. 203–238.
[2] In: Wegmarken. Gesamtausgabe Band 9, S. 177–202.

Das ahnende Erfragen hat zu seiner Vorstufe die »Besinnung«. Aber diese kann nie das Geringste dazutun zum Ereignis des Anfangs. Und deshalb bleibt auch das Sagen der vordenkenden Erinnerung gleich dem Sagen des erinnernden Vordenkens stets nur das sanfte Geleit, das der Ereignung des geschichtlichen Menschentums in die Ortschaft des Da-seins von ferne entgegenkommt.

Die Erinnerung in den ersten Anfang macht diesen niemals »verständlich«. Sie befremdet und erweckt die Erfahrung, daß der metaphysische Mensch durch seine Geschichte von diesem ersten Anfang ausgeschlossen ist, aber auch vor der Verschlossenheit des anderen Anfangs stehenbleiben muß, solange er sich auf die Metaphysik und ihre Abwandlung versteift.

Das Vordenken in den anderen Anfang kann diesen nicht erwirken, wohl aber hinwinken in die vorbehaltene Ortschaft des Wesens des geschichtlichen Menschentums, das den Übergang in den untergänglichen Anfang übersteht.

Das Vordenken ist ein Wink und stets auch erinnernd.

Der Wink – erinnernd vordenkend
Der Wink – austragend die Seinsverlassenheit*
Der Wink – anschlagend die Not der Notlosigkeit
Der Wink – entlassend alle Metaphysik
Der Wink – Zumutung des Gemüts
Der Wink – Nennung des Da-seins

(vgl. die Sage[1], Maschinenabschrift Seite 11)

Der Aufenthalt des jetzigen Zeitalters.

* Falls man die Seinsverlassenheit historisch kennzeichnen möchte, müßte man einen historischen Titel verwenden und vom Planetarismus sprechen, was hier sagen soll, daß überall auf der Erde das geschichtliche Gegenwartswesen das gleiche ist und dahin getrieben, das Unzerstörbare durch die Verwüstung zu vernichten.

Ein Titel historischer Art für die Verwüstung wäre »Amerika-

[1] Vorgesehen für Band 74 der Gesamtausgabe.

nismus«. Auch das geschichtliche Wesen des Planetarismus enthält eine Entscheidung einziger Art, deren Entweder-Oder so lautet:
Entweder die Vernichtung oder die Verwüstung. Vernichtung in jedem Fall und in jeder Hinsicht.

Erinnern und Vordenken lassen sich nicht von einander abtrennen; jedes ist die Zumutung des anderen, und der Mut dieses Denkens findet keinen Anhalt, es sei denn in der Er-eignung in das Da-sein, in dessen Ortschaft sich das Menschentum und die Gottschaft untergänglich sammeln.

Jedes Vordenken ist ein Geschenk an die Erinnerung. Und jede Erinnerung ist eine Gunst für das Vordenken.

Das erinnernde Vordenken ist als anfängliches und zwar untergängliches Denken außerhalb der Metaphysik. Hier gibt es weder ein »historisches« Begreifen noch ein »systematisches« Begreifen, noch wie bei Hegel und in der vollendeten Metaphysik überhaupt eine Systematik der Historie.

Aber die Metaphysik behält auf lange hinaus in ihrer Verfestigung in die Verendung zu ihrem Unwesen die Macht über das Meinen und d.h. hier über die Gleichgültigkeit gegen das Unfragwürdige des Wesens der Wahrheit. Deshalb muß das übergängliche Denken auch dieses im Wissen behalten: seine Übergänglichkeit.

78. Aufriß

(dieser Aufriß eher das reine Sagen)

Der erste Anfang:	Ἀλήθεια – φύσις Anaximander, Heraklit, Parmenides.
Vom Fort-gang:	Verbergung des Seins als Entlassung des Seienden; (die Unterscheidung).
Die Metaphysik:	Aus der Geschichte des Seins. ἰδέα – Wille zur Macht.

Vom Übergang: Seinsverlassenheit des Seienden; die Not der Notlosigkeit.

Der andere Anfang: Das Ereignis als der eigens anfangende Anfang.

Vom Untergang: Das Da-sein als die Ortschaft des Anfangs und der Abschied.

[Beiträge[1], Besinnung[2], Überwindung[3], Geschichte des Seins[4] – hier aufnehmen]

79. Aufriß der Sage des Anfangs (dieser Aufriß eher zu einer Hinleitung)

Seyn? Ein Gang in den anfangenden Anfang (Vordenken).
'Αλήθεια Ein Gang in den fortgänglichen Anfang (Erinnerung)
ἰδέα – *der Wille zur Macht* – Ein Gang durch die Geschichte der Wahrheit des Seienden. (Vordenkende Erinnerung als Austrag der Anfänge).
Die Ortschaft des Anfangs – Das Da-sein.

Seyn?
Ein Gang in den anfangenden Anfang
(Vordenken im Austrag)

Der Aufenthalt des Wesens des neuzeitlichen Menschentums in der vollendeten Metaphysik.

[1] Beiträge zur Philosophie (Vom Ereignis). Gesamtausgabe Band 65. Hrsg. v. F.-W. v. Herrmann. Frankfurt a.M. 1994[2].
[2] Besinnung. Gesamtausgabe Band 66.
[3] Die Überwindung der Metaphysik. In: Metaphysik und Nihilismus. Gesamtausgabe Band 67, S. 5–103.
[4] Die Geschichte des Seyns. Gesamtausgabe Band 69.

Die Einrichtung der vollendeten Metaphysik zur »Weltanschauung«.

Die Kennzeichnung der »Weltanschauung«:
die Sicherstellung der Wesenlosigkeit der Wahrheit.
die Besinnung als das eigentlich Sinnlose.
der Planetarismus.
der Idiotismus. (vgl. Überlegungen XV)[1]

Der ungegründete Grund der Metaphysik verbirgt sich in der nicht erfragten Unterscheidung des Seienden und des Seins.

Die Entfaltung der Unterscheidung aus dem neuzeitlichen Wesensaufenthalt des Menschen (vgl. Leitworte S.S. 41)[2].

Die Unterscheidung west im Unterschied.

Der Unterschied ist die Wesung des Seyns.

Das Seyn ist der Ein- und Zu-fall der Dazwischenkunft der Entbergung als Lichtung.

Die Dazwischenkunft und das »Seiende« vor der Ankunft.

Die Seinlosigkeit des [Seienden]; das Seiende als das Nichtslose.

Der Einfall als das Er-eignis.

Das Er-eignis ist der anfangende Anfang.

Die Anfängnis des Anfangs besteht darin, daß der zur Metaphysik fort-gegangene erste Anfang (Verfügung ἀρχή) über dem eigenen jetzt erst abgründenden Abgrund sich fängt und so sich fangend in den Untergang zurücktritt.

Der Untergang nimmt das erst Anfängliche des bloßen Aufgehens (ἀλήθεια – φύσις) zurück unter die Würde der Innigkeit der Verbergung, die jetzt erst als solche anfänglich ist.

Der Untergang ist die Verwindung des Seyns.

Die Verwindung des Seyns ist der Abschied in den Anfang, ist Anfang als Abschied.

Der Abschied ist die innige Anfängnis des Unterschieds.

Die Verwindung des Seyns ist die anfängliche Überwindung der Metaphysik.

[1] Vorgesehen für Band 96 der Gesamtausgabe.
[2] Grundbegriffe. Gesamtausgabe Band 51.

Die Erschütterung des *Wesens* des geschichtlichen Menschen hat angefangen.

Ἀλήθεια
Ein Gang in den ersten Anfang (fortgänglichen)
(Erinnerung im Austrag)

Der Spruch des Anaximander: ἀρχή – ἄπειρον – ἀλήθεια
Der Spruch des Heraklit: τὸ μὴ δῦνόν ποτε. –
(φύσις – λόγος – ἕν – πῦρ)
Der Spruch des Parmenides: τὸ γὰρ αὐτὸ ...

Der erste Anfang als Entbergung in den Aufgang zur Anwesung. Die Anfängnis als die Verfügung.

Anfängnis und Geschichte (Seinsgeschichte)

Die erinnernde Auslegung als Vordenken

Der Fortgang des ersten Anfangs zur οὐσία - ἰδέα

ἰδέα – ἐνέργεια – actus – Wirklichkeit – Wille zur Macht
Ein Gang durch
die Geschichte der Wahrheit des Seienden
Die Metaphysik
(vgl. Zur Geschichte des Existenzbegriffes)[1]
(Nietzsches Metaphysik)[2]

Der Beginn der Metaphysik und der Philosophie:
Platon (Höhlengleichnis)
Aristoteles (Phys. B 1 und Met. Θ10).
Die Umbildung der Metaphysik in das Römische.
Die Theologie des Christentums.
Descartes (verum als certum ens; subiectum und System).

[1] Zur Geschichte des Existenzbegriffes. Vortrag im Freiburger Kränzchen 7. Juni 1941. Vorgesehen für Band 80 der Gesamtausgabe.

[2] In: »Nietzsche«. Gesamtausgabe Band 6.2, S. 231–300.

Leibniz (monas – repraesentatio – universum).
Kant (Sein als Gegenständlichkeit – das Transzendentale).
Der deutsche Idealismus.
Nietzsches Metaphysik.
Die Vollendung der Metaphysik und ihre Abwandlung zur »Weltanschauung«.
Der Übergang in den anderen Anfang.
Der Austrag der Anfänge.

Die Ortschaft des Anfangs
Das Da-sein

Die Anfängnis und die untergängliche Geschichte des Menschentums.

Die Anfängnis und die untergängliche Geschichte der Gottschaft.

Der Abschied und das Gemüt des Da-seins.

Die Inständigkeit im Gemüt und die Wächterschaft des Untergangs.

Der Abschied und die einzige Einzigkeit des Seyns.

80. Vom Anfang
(Aufbau der Sage)

Der erste Anfang – (das Sein als *Aufgang*)
Anaximander, Heraklit, Parmenides.
Der Fortgang des ersten Anfangs
in den Beginn der Metaphysik (Platon).
Die Metaphysik als die Geschichte
der Wahrheit des Seienden (Was-sein – Daß-sein) (Zur Geschichte des Existenzbegriffes).[1]
existentia

[1] Zur Geschichte des Existenzbegriffes. Vortrag im Freiburger Kränzchen 7. Juni 1941. Vorgesehen für Band 80 der Gesamtausgabe.

Das Ende der Metaphysik im Untergang
des ersten Anfangs – (Nietzsche, die Seinsverlassenheit und die Verbergung).
Der Untergang als der Übergang
in den anderen Anfang – (die Unterscheidung von Sein und Seiendem und das Aufgeben der Unterscheidung).
Der andere Anfang – (Sein: die einfallende Dazwischen*kunft* der Er-eignung).
Vom Anfang und der Anfänglichkeit des Denkens.
Der anfängliche Untergang.

81. Vom Anfang

d. h. vom Aufgang der Wesung der Wahrheit des Seyns in die Geschichte des Seyns zum anderen Anfang.

Dieser ist anfänglicher denn der erste, wenngleich in der Folge nach ihm und auch im Wesen unter seiner Verfügung.

Der Anfang ist, indem er immer anfänglicher wird. Diese Steigerung keine gradweise, sondern die stoßweise des je Anfänglichen, Einzigen.

Der Anfang in den Anfang hat in sich die Zwischengeschichte des Vorrangs des Seienden vor dem Sein als der Seiendheit. Diese Zwischengeschichte ist die Geschichte der Wahrheit des Seienden als »Metaphysik«. *Der Anfang in den Anfang ist Untergang.*

Vom Anfang soll eine reine Sage versucht werden so, daß überall und stets das Seyn selbst in seiner Wahrheit die Geschichte erstimmt und die Vorbereitung des Da-seins ankündigt.

Das Da-sein ist das Inzwischen, durch das hindurch der Anfang sich in sein Wesen nimmt, so daß im Da-sein die Inständigkeit in der Wahrheit des Seyns für die Wandlung des Menschentums seine Gründung findet.

Vom Anfang in den Anfang ist zu sagen ohne alles Beiwerk,

aber unter Verwandlung dessen, was in den »Beiträgen«[1], in der »Besinnung«[2], in der »Geschichte des Seyns«[3] und in der »Überwindung der Metaphysik«[4] versucht worden; dazu das Wesentliche über die ΑΛΗΘΕΙΑ[5].

Zum Anfang aber muß die Sage eine Grundstimmung treffen, in der die Stimme der verbergenden Verschweigung zur Stimmung kommt, damit zum voraus eine Ver-setzung in das Da-sein sei.

82. Vom Anfang
(Die Zugehörigkeit in die Lichtung des Seyns)

Wo die »Philosophie« als Metaphysik des deutschen Idealismus unbedingtes Wissen des Absoluten wird, muß sie in ihrer Weise die Frage des Anfangs fragen. Wenngleich dieses Fragen sich ganz im Bezirk der Subjektität halten muß, das Wissen von der Unbeweisbarkeit und Vor-gewißheit des Absoluten ist ein Zeichen des Anfänglichen. Allerdings noch näher, noch unmittelbarer, d.h. wesenhaft anderer Nähe ist schon das Seyn.

Und diese nächste Nähe müssen wir lernen inne zu werden und die Lichtung des Seins erfahren.

Bisher aber ist die Verkennung der Nähe des Seins noch abgründiger als das Vorhaben eines Mannes, der erst seinen Nachbar fragen wollte, ob die Sonne scheint. (Dieses »Scheinen« hat der Wandsbecker Bote so sehr geliebt und gewußt).

[1] Beiträge zur Philosophie (Vom Ereignis). Gesamtausgabe Band 65.
[2] Besinnung. Gesamtausgabe Band 66.
[3] Die Geschichte des Seyns. Gesamtausgabe Band 69.
[4] In: Metaphysik und Nihilismus. Gesamtausgabe Band 67.
[5] Vorgesehen für Band 73 der Gesamtausgabe.

83. Vom Anfang

– inwiefern ist das seynsgeschichtliche Denken, das Erfragen der Wahrheit des Seyns, selbst Geschichte *des* Seyns?

Insofern ihm glückt, reine Sage zu werden, Wort, von dem alles Historische abgefallen ist, weil es die Stille ersagt und das Geschenk des Seyns in die Inständigkeit verschenkt.

Insofern das Wort des Seyns hier die Stimme der Stimmung des reinen Schenkens ist, west Wahrheit »des« Seyns, ist dessen Geschichte.

84. Der Bezug zum Sein

darf nicht wie der Bezug zu Seiendem erörtert werden. Überdies muß dann jeder Bezug zu – schon das, worauf es sich bezieht, auch mit seiner Wesensart überziehen –?

Ist überhaupt, vom Sein her gedacht, recht gefragt, wenn wir in die Bahn einer Rede vom Bezug zum Sein einlenken? Ist das nicht schon die Irre? Und weshalb?

85. Vom Anfang

Im Anfang sagt sich das Sein an; hier hält sich das Denken des Seins noch vor der Unterscheidung in Was- und Daß-Sein.

Deshalb kann aber auch nicht gesagt werden, es werde anfänglich nur die »Existenz« gedacht, weil die Was-frage noch unentfaltet sei. Allein »Existenz« ist erst im Gegenhalt zur ἰδέα begriffen und als *οὐσία*. φύσις – ἀλήθεια; ἕν; λόγος sagen Anfängliches: den Anfang, *das Aufgehen selbst*:
nicht: daß Seiendes ist;
nicht: was das Seiende ist –
sondern: Sein west – Sein »ist«.

Der Zuwurf »des« Seins
Die Verwerfung »des« Seins
Die Geworfenheit des Da-seins
Der Entwurf des Seienden.

Der Wurf und der anfänglichere Anfang.
Der Wurf und die φύσις.
Der Wurf und das Ereignis.

86. Die Zwiesprache im Anfang

wie der erste Anfang *zum* anfänglicheren Anfang spricht, ihm *zu*spricht; wie dieser aber auch den ersten anfangender wesen läßt.

Inwiefern diese Zwiesprache das Wort des Seyns als Seyns*geschichte* ist.

Daß im Geschichtlichen die Zeitabstände verschwinden und dennoch kein Überzeitliches an sich aufkommen läßt.

Wie im Anfang das Sein Verbergung ist und wie die Verbergung auch das Anfänglichere be-stimmt.

87. Anfang

Hier ist nicht Beginn *von* etwas innerhalb einer und für eine Folgeordnung von etwas.

Anfang ist nicht die Art eines Anhebens von etwas, was es eigentlich gilt.

Der Anfang selbst ist das *wesende Sein* – Dieses *ist* Anfang.

»Anfang« auch ursprünglicherer als ἀρχή – wenn diese nur als Weise und Begriff der Auslegung der Herkunft gemeint ist.

88. Der Anfang und die Auszeichnung der abendländischen Geschichte

»Abendländisch« ist selbst anfänglich bestimmt, daraus, daß im frühen Griechentum das Sein als Wahrheit zum Aufgang wurde und die Wahrheit in das Wesen der τέχνη fortging. Heute ist der ganze Planet abendländisch, mag China und Indien noch so alte »Kulturen« nachweisen.

Das »Abendländische« ist nicht geographisch und nicht der Ausbreitung nach, sondern geschichtlich und dieses Geschichtliche anfänglich gemeint.

Die Einzigkeit dieses Anfangs ist der Grund der Vollständigkeit der Herrschaft dessen, was diesem Anfang als Fortgang entspricht und Metaphysik und deren Vollendung ist.

Inwiefern der »Amerikanismus« die geeignete Form des Planetarismus ist.

Der Planetarismus ist die Verkehrung des Anfangs in das Unwesen seines Fortgangs –

Sein als Macht; Macht als Machenschaft.

Das anfängliche Denken ist das aus dem Anfang gestimmte durch die Anfängnis des Anfangs bestimmte Denken.

89. Das seynsgeschichtliche Denken (Die Grundzüge)

ist zumal erfragende Nennung des Seyns (Ist das Seyn?) und Inständigung in das so erst zu weisende Da-sein.

Das seynsgeschichtliche Denken ist zumal in solcher Einheit wiederum Erwinken des anderen Anfangs und Erinnern des ersten Anfangs.

In dieser wechselweisen Anfänglichkeit ist das Denken auseinander-setzend die Anfänge und ihre Wesensfolge (Metaphysik) und ihre Vorbereitung (Überwindung der Metaphysik[1]).

[1] In: Metaphysik und Nihilismus. Gesamtausgabe Band 67.

Dieses also anfängliche Denken ist Auslegung, weil es den Bezug zur Geschichte hat und Geschichte hier Er-eignis der Wahrheit des Seyns ist.

Das erstanfängliche Denken weiß sich nicht als dieses, sondern hat seine Anfänglichkeit im reinen Sagen des Seins: ἔστιν γὰρ εἶναι.

Erst aus dem anfänglichen Denken, das in den anderen Anfang denkt, kommt das Wissen des Seyns selbst in die Anfänglichkeit und somit in die Geschichtlichkeit. Muß aber auch, erinnernd und erwinkend, fortan ein Erfragen sein: Ist das Seyn?

90. Das anfängliche Denken im Übergang in den anderen Anfang

Die *Sage* als < Nennung / Inständigung

(vgl. *Überwindung*[1]; Das Verlassen der Unterscheidung und das Nochzulassen des Seienden)

1. Das anfängliche übergängliche Denken ist einmal die Nennung des anfänglicheren Seyns (Er-eignis – Verbergung); dieses Nennen aber geht nie und nirgends auf ein Bewirken und Beeinflussen. Ist nie »Lehre«. Ist nie »Wissenschaft«. Ist vor allem nicht bloße Symbolik. Die Nennung ist anfängliches Wissen, das das Seyn selbst sagt, so zwar, daß die Sage (vgl. Sage[2]) als das Wort des Seyns gestimmt bleibt.
2. Das anfängliche übergängliche Denken ist zumal aber Inständigung in das Da-sein. Das Da-sein ist der vom Seyn ereignete Wesensgrund der Gründbarkeit der Wahrheit des Seyns in ein Menschentum.

   Die Inständigung vermag nicht den Menschen in das Da-sein zu versetzen. Dieser Wurf der Geworfenheit in das

[1] In: Metaphysik und Nihilismus. Gesamtausgabe Band 67.
[2] Vorgesehen für Band 74 der Gesamtausgabe.

Da-sein kommt je nur aus dem Zuwurf des Seyns selbst als Ereignis.

Wohl aber müssen zumal mit der Nennung Winke gegeben werden und Anhaltungen zur Einübung der inständlichen Besinnung.

Das Erste, was alle Inständigung bereiten muß, ist die Hörigkeit für das Seyn. Und dies kann übergänglich zunächst geschehen in der Nennung und Entfaltung der Unterscheidung (vgl. S.S.1941[3]).

Solche Leitworte über das Seyn können aber nie »das Erlebnis« vorbereiten, sondern das Hören der Worte verlangt das Verlassen aller Erlebnissucht und damit der Subjectität.

Wie aber soll die Inständigung vollzogen werden? Durch ein Sagen der Dazwischenkünfte des Seyns in das Seiende.

3. Das anfängliche Denken ist als erinnerndes Erwinken die Auseinandersetzung des ersten und des anderen Anfangs.
4. Das anfängliche Denken ist als Denken des Seyns als des Anfangs wesenhaft *seynsgeschichtlich.* (Stets darauf hinzuzeigen, daß dieser Name in Wahrheit zweimal das Selbe sagt).
5. Das anfängliche Denken ist auslegend. Auslegung ist auf die Geschichte als die Geschichte des Seyns und nur darauf bezogen (vgl. Bemerkungen über das Auslegen[4]).

91. Das anfänglichere Fragen
(das Erfragen)

fragt: *ist das Seyn?* und überwindet aus dieser die Unterscheidung verlassenden Frage die Leitfrage der Metaphysik: »was ist das Seiende?«

Anfänglicher denn die Wasfrage ist die Istfrage und zwar jene, die auf das Seyn selbst geht. Diese Frage will nicht das Seyn als

[3] Grundbegriffe. Gesamtausgabe Band 51.

[4] Siehe unten, S. 147 f.

ein Seiendes feststellen, sondern die Frage sagt fragend schon dem Seyn das Seyn zu, dieses, daß *das Seyn dem Seyn einzig das Seine sei.*

Zugleich aber liegt in dieser anfänglicheren Istfrage die Geschichtlichkeit des Seyns, das Sagen der Anfänglichkeit, ohne daß entschieden werden will vom Fragenden aus und durch diesen, *daß* das Seyn ist; denn dieses ist allein Eigentum des Anfangs selbst. Daher hat die Frage: ist das Seyn? eher noch die Bedeutung, ob die Fragenden sind und sich zur Inständigkeit in der Wahrheit des Ereignisses bereiten.

Wenn wesenhaft nur das Seyn ist und zwar so, daß es nie zu einem Seienden wird, von dem wir gewöhnlich und allein sagen, es »sei«, was bedeutet dann diese übliche Rede: das Seiende ist?

92. Der Sprung
(Das Anfangen aus dem Anfang)
(Der Anfang ist in den Anfang)

Von keinem Seienden aus läßt sich das Sein erreichen, denn so wird ein schon entworfenes Sein, unerkannt in seiner Entworfenheit, nur wieder aus der »Hand« gegeben.

Jeder Versuch, auf solchem Wege, der der Weg der Metaphysik ist, zum Seyn zu kommen, ist eine Täuschung und ein Schein.

Dieser Schein ist wesentlich abgründiger als jener, den Kant als den »dialektischen« zeigte.

Aber dieser Schein muß aus dem Seyn stammen. Warum? Weil er nicht »nichts« ist?

Also gibt gerade *dieser* Schein, wesentlich genug durchdacht, einen Wink in das Seyn.

Wie ist der Wink zu nehmen und wie sollen wir ihm folgen? Der Sprung.

Daß das Denken aus dem Seyn denkt.

Wie aber dieses? Da-sein.

93. Das Anfängliche des Anfangs

Seyn – Wesung – Sage
Das Un-gesagte
Die Ver-schweigung –
entspringend aus dem Sichverbergen der Verbergung.

Anfang

Das anfängliche Denken empfängt sein zu Denkendes nur aus diesem selbst – d. h. aus dem Sein.

Das Sein muß sich dem Denken *zu*-werfen. Das Denken muß in diesem Zu-wurf entrückt und so selbst zum Ent-werfenden werden.

Das Ungesagte nicht ins Wort gebracht, entweder weil im Wesen unentschieden gelassen,
oder weil entschieden und deshalb die Unergründlichkeit des Wesens erreicht
oder entschieden und damit *ein Fragloses* zu Grunde gelegt.

Das Ungesagte Platons von der dritten Art: das Wesen der Wahrheit entschieden – in der Richtung auf ἰδέα!

Dies aber nur wirlich zu erfahren:

1. wenn der erste Anfang wißbar gemacht.
2. wenn vor allem im anderen Anfang die Auseinandersetzung erreicht ist und Wesen der Wahrheit als Wesung des Seins aus diesem, und zwar in je verschiedener Weise.

Das eigentlich zu Denkende kann ungesagt bleiben, weil es im Wesen noch unentschieden gelassen ist; aber auch weil es so entschieden worden, daß es entweder in das Unergründete hinausweist oder zu einem Fraglosen sich ausbreitet.

94. Das Vordenken in den Anfang

muß eine Folge von Entscheidungen durchlaufen, sofern der »Anfang« zunächst historisch genommen und als das griechisch-römische Altertum gedacht wird.

Hier entstehen die Fragen, ob das »Altertum« erfahren und begriffen wurde:

1. »humanistisch« (in allen möglichen Abwandlungen) oder »klassisch«, wobei beides noch zusammengehen kann.
2. ob griechisch (vom Sein des Seienden her) oder römisch (aus der Herrschaft des Menschen über das Seiende).
3. wenn aber griechisch, ob platonisch oder anfänglich.
4. wenn anfänglich, ob der Anfang nur als das, was Platon vorausgeht, und von ihm zurück gesehen wird, oder ob der Anfang anfänglich gedacht wird und so das »Platonische« nicht als »Vollendung« im Sinne der Erfüllung, sondern als Auslauf.
5. wenn der Anfang anfänglich gedacht wird, ob dazu das Äußerste gewagt wird und das Einzige: der andere Anfang, oder ob nicht einfach nur ein vormaliges Befremdliches anerkannt und berufen wird.
6. wenn das Äußerste gewagt ist, ob dazu die *Besinnung* übernommen ist, oder eine vorschnelle Erfüllung erwartet wird.

95. Anspruch und Antwort
(»Anspruch« und Erfüllung)
Die Sage[1]

Der Anspruch, daß das Wesen des Menschen angerufen wird durch das Wort des Seyns.

Das *so* angesprochene *Wesen* des Menschen ist auf den Gang gewiesen, im Seyn inständig zu werden und das sagt: diese Inständigkeit entfaltet sich in ihre eigene Freiheit, als *das* Wissen.

Diese Inständigkeit er-gründet das vor-dem verborgene (nicht-wesende) Dasein.

Solches ist Er-wesung des Da-seins und das Wesen der Antwort zum Wort des Seyns.

All dieses er-eignet sich; »ist« das Seyn selbst. Erst aus dem

[1] Vorgesehen für Band 74 der Gesamtausgabe.

Er-eignis entspringen die »An-sprüche«, die der Mensch an sein Wesen und damit an sich selbst stellt. Was sie erfüllen kann und wie Erfüllung sein muß, ist schon aus dem Seyn entschieden.

»Freiheit«

Sein – des Menschen – höchster Anspruch ist jetzt die Anspruchslosigkeit, dies, daß er keiner »Ansprüche« mehr bedarf, sie nicht zu »machen« braucht, weil sein Wesen im Reichtum der wesenhaften Armut des Seyns ist.

Diese ist darin gegründet, daß das Eigentum, die Zugehörigkeit zum Seyn, im Er-eignis entspringt.

So ist eine Befreiung des Menschen in das Da-sein, als den Abgrund des Wächtertums auf dem Gang zum Seyn.

Freiheit ist weder nur Freiheit von, noch Freiheit zu, noch Spontaneität, noch die Möglichkeit zu Gutem und zu Bösem, sondern ist die Versetzung in die Auseinandersetzung des Seienden mit dem Seyn; ist Befreiung in die Zugehörigkeit zum Seyn.

Freiheit ist die Befreiung in den Wettlauf der Wesenswandlung des Menschen zum Dasein mit dem sich verbergenden bergenden Seyn.

Alles ist Wesung des Seyns; aus dieser als dem Er-eignis bestimmt sich das Wesen der Geschichte.

Sie entfesselt das Wilde und bereitet die Milde; die Zusammengehörigkeit beider ist die Bahn für den Gang, der als Weg und Schritt die Gründung der Ereignung vollbringt.

Freiheit – ist Befreiung des Wesens des Menschen.

Befreiung ist die Inständigkeit des Da-seins.

Inständigkeit wird *menschlich* übernommen in der Wächterschaft der Besinnung.

Befreiung west als Zuweisung in die Zugehörigkeit in die Wahrheit des Seyns.

Be-freiung ist Wesung des Seyns als Anspruch – der die In-ständigkeit an-spricht auf ihr Entspringen, welches Ent-springen darin besteht, dem vom Seyn ereigneten Wesenswandel des Menschen zu folgen.

Freiheit als Befreiung ist Zu-wurf der Anwartschaft auf den Vollzug der Auseinandersetzung des Seienden mit dem Sein.

96. Der Anfang und das Einfache

Das Einfache ist weder leicht, noch leer, noch dürftig, noch flüchtig.

Das Einfache ist die Behältnis des Einen – der Wesung des Seyns.

Solange wir am Seienden haften und daraus erklären und darauf rechnen, gelangen wir nie in die Einfachheit des Seyns.

Die Besinnung in das Seyn als der Weg zur Einfachheit.

Als Behältnis ist sie die Bergung des Seyns im Er-eignis – der Anfang.

III. EREIGNIS UND DA-SEIN

A. Das Ereignis

97. Das Ereignis und das Seiende
(vgl. der Unterschied und die Unterscheidung)

Wenn das Seiende er-eignet, d.h. in die Entborgenheit der Lichtung des Da übereignet wird, *dann* bedeutet das nicht nur, daß das »Seiende« nun ins Bewußtsein komme und als Seiendes, das es ist, gegenständlich werde. Denn es ist ja bis dann gar nie Seiendes. »Seiend« das ist gleichzeitig ereignet mit dem Er-eignis.

Daß aber das [Seiende] ins Offene kommt, sagt auch nicht nur, es trete in die Möglichkeit der Vergegenständlichung, sondern sagt, es kommt in das Sein. Und es kommt in die Sage und in das Wort. Aber Sage und Wort sind nicht Ausdruck und Fassung, sondern Wesung des Seins.

Die Rose blüht im Gedicht des Dichters und nur da, aber dieses »Blühen« ist nicht einfach das nachgesagte zu einem vermeintlich Wirklichen, Seienden, sondern es allein ist das Seiende. Deshalb ist auch gemäß der Einzigkeit und Seltenheit des Seins die Er-dichtung selten. Nur selten blühen Rosen.

Allein für die vielen in die Verständigkeit ausgelassenen Menschen sind doch die Dinge einfach vorhanden und feststellbar; gewiß, auch dieses »Seinlassen« ist eine Art, in der das Seiende übereignet wird dem Sein.

Die »Übereignung«[a] nimmt den Menschen in Anspruch. Diese Auszeichnung des Menschen aber gründet nicht in seiner Subjektität. Daß er innerhalb der Metaphysik das eigentliche Seiende ist und das Urbild dazu – als Mikrokosmos (vgl. die Frage der Anthropomorphie[1]), diese Auszeichnung gründet in der Übereig-

[a] gemeint die recht verstandene An-eignung als die an-fangende Eignung in das Eigene; nicht aber die Er-eignung in die Verwindung des Seyns in den Abschied.

[1] In: Die Metaphysik des deutschen Idealismus. Zur erneuten Auslegung von Schelling: Philosophische Untersuchungen über das Wesen der menschlichen Freiheit und die damit zusammenhängenden Gegenstände (1809). Gesamtausgabe Band 49. Hrsg. v. G. Seubold. Frankfurt a.M. 1991, S. 70 ff.

nung in das Sein und darin, wie der Mensch verfügt ist durch das Sein zu dessen Wächterschaft.

In all dem, was erst aus dem anderen Anfang anfängt, erlangt das, was als Metaphysik Wahrheit gewesen, zwar nicht eine dialektische Aufhebung, wohl aber die anfänglichere Bestimmung. Die Subjektität rührt, *unwissend das Ereignis*, daran, daß eine Be-anspruchung des Menschen für das Sein durch das Sein sich ereignet.

Wenn wir anfänglich, seynsgeschichtlich das Seiende selbst in seinen Bereichen denken, dann bleibt es gleich irrig, ein Seiendes an sich zu erträumen oder ein Seiendes für im Bewußtsein allein zuzugeben. Jedesmal wird der Wahrheitscharakter des Seins nicht anfänglich gedacht und daher das Seiende entweder von der Offenheit (innerhalb der selben) wieder ausgeschlossen und verselbständigt, oder allein durch sie (im Sinne der Vorgestelltheit) erklärt.

Ist aber erst einmal das Seiende im Sein (als Er-eignis) erfahren und gewahrt, dann enthüllt sich auch, inwiefern die Stimmung vom Da-sein aus den Menschen durchstimmt und zugleich im Seienden selbst beschlossen liegt. Das Sein ist jedoch dem Seienden nicht ein bloßer Überwurf einer Helle, die über »das Seiende« zeitweilig hingleitet.

Das Sein weder machend und bewirkend das Seiende.
Das Sein weder vergegenständlichend-vorstellend das Seiende.
Das Sein weder Überwurf einer Helle –
sondern das Sein ist als Er-eignung die Übereignung des Unseienden oder des vom Sein verlassenen Seienden in das Sein. Darin liegt, daß das Seiende selbst das Aufgehende wird und im Aufgang (anfänglicher jetzt die φύσις gedacht) ein Erstehen in eine Verweilung.

Alles was wesenhaft dem Sein zugesprochen ist, bringt das Seiende selbst, indem es »ist«, je und je in das ihm Zugewiesene.

Der Anspruch des Seienden, von sich aus über das Wesen des Seins zu verfügen und aus sich das Sein als *seine* Bestimmtheit zu erklären, hat sich durch die Metaphysik so verhärtet, daß jeder

Versuch, das Sein selbst als Sage zu sagen, jedesmal von der Metaphysik her aufgefangen und nach ihrer Weise zurechtgelegt und auf ihre Rechnung umgelegt wird.[a]

Allein das Sein ist nicht die Übersetzung des Seienden (der »Welt« also) in das Innere des menschlichen Wesens, das so aus der Ichheit begriffen, weil schon als vorstellende Subjektität gesetzt ist.

Wenn hier eine Gegen-stellung überhaupt zureichen könnte, wo es doch den Übergang in den anderen Anfang gilt, wäre eher zu sagen: nicht Übersetzung in das Innere des Menschenwesens, sondern Wandlung dieses Wesens durch die Ereignung in das Sein als Ereignis.

Das Seiende wird seines Vorrangs entsetzt und dennoch wird es nicht aufgelöst in das Sein; im Gegenteil: es ist seiender denn vormals.[b]

Das Seiende kann weder den Unterschlupf finden in der Subjektität (in irgend einer »Sublimierung« durch »das Geistige«), noch aber wird das Seiende zu einem bloßen μὴ ὄν herabgesetzt, noch aber auch ist das »Sein« des Seienden nur eine vom Seienden selbst bewerkstelligte »Fiktion«.

Denn der Mensch ist nicht Subjekt, das Sein ist nicht ὄν als ὄντως ὄν im Sinne der ἰδέα, das Seiende läßt sich auch nicht erklären aus dem »Werdenden«, da ja dieses schon »ist«.

Auch ist das Sein nicht nur das Seiende *noch* einmal, so daß im Sein das Seiende sich wiederholte, sondern im Sein ist das Seiende das einzige Mal und ragt so in die Einzigkeit des Seins. Das Ragen aber ist je verschieden, je nach dem das Seiende dem Sein an-geeignet ist als Stein, als Baum, als Tier, als Mensch, als Gott.

Das Ragen als Seiendsein des Seienden im Ereignis. Ragen ist nicht Vorgestelltheit und kein bloßes Erscheinen; Ragen ist Aufgehen aber doch zugleich Zurück-bleiben im Seinlosen.

Ragen – als Hervor- und Hereinragen in die Lichtung ist auch keine bloße Erhellung, sondern ist Anfanghaftes und je Einziges.

[a] (Wo ist je ein solcher Versuch gewagt worden?)
[b] (das in sein Eigenes Ge-eignete).

Im Er-eignis wird das Seiende nicht umgewechselt in das Sein als das Innere des »Ich«. Die Innigkeit des Seins ist fern aller Gefühlsamkeit des Menschen.

Eher noch wird das Seiende ausgewechselt aus der zeitweiligen Seinlosigkeit in die Entäußerung des Ragens in den Einfall der Dazwischenkunft und ihres Austrags.

B. Ereignis und Ent-eignung

98. Das Seinlose und das Seiende
Ent-eignung

Beide sind erfahrbar erst in der Wahrheit des Seins. Wie aber wesen sie selbst und was heißt hier noch wesen? Das Seiende ist nicht – als das *Seinlose* und deshalb ist es auch nicht »nichts«.

Weder kann gesagt werden, das Seinlose sei, noch es sei nicht.

Weil aber das Sein in das Seinlose dazwischen ankommt und als der Anfang des Seienden anfängt, deshalb ist das Seiende – nämlich als das nachmalige seiende Seinlose – in gewisser Weise »früher« und älter denn das Sein. Das Seiende ist das »Apriori« zum Sein, falls hier nicht Verwirrung entsteht durch den Gebrauch metaphysischer Titel für das außerhalb jeder Metaphysik wesende Sein und seiende Seiende.

Seinlosigkeit aber meint nicht Seinsverlassenheit des Seienden; denn in der Seinsverlassenheit ist das Seiende gerade seiend, so zwar, daß es einzig es selbst zu sein scheint, ohne des Seins zu bedürfen.

In der Seinsverlassenheit ist das Seiende ihm selbst überlassen und in den Schein der Seinsunbedürftigkeit gesetzt.

In der Seinlosigkeit ist das Seiende weder seiend noch nicht seiend.

Die Seinsverlassenheit ist eine Wesung des Seins selbst, das Ereignis der Loslassung des Seienden in die Machenschaft.

Die Seinlosigkeit ist zwar noch vom Sein her begriffen, sie entspringt aber nicht dem Sein, insofern das Seinlose des Seins nicht bedarf.

Aber in der Seinlosigkeit kann doch ein Äußerstes vom Wesen des Seins begriffen werden (Anfang – Untergang – Abschied).

Hier – in der »Seinlosigkeit« und im »Seinlosen« – ist eine Zumutung, vor der sich kein metaphysisches Denken zurechtfindet, wo aber der Mut des seynsgeschichtlichen Denkens angestimmt werden kann und die Einzigkeit des Seins zugleich sich ereignet in ihrer Seltenheit.

In der Seinsverlassenheit (d. h. der Machenschaft des Seienden) ist das Seiende ganz außerhalb der Seinlosigkeit.

Das Seinlose ist außerhalb des Nichts, denn im Nichts ist das Seiende schon im Sein und ist zunächst nur das Nicht-Seiende.

Aber das Seinlose ist zum anderen wesentlich anders und mehr als das Nicht-Seiende, es ist das Seiende selbst, das nicht – das Seiende (d. h. Er-eignete) ist.

Seinlosigkeit ist *Enteignung* des Seienden – aber Enteignung ist nicht einfach Vernichtung, denn Enteignung ist wesenhafter und anfänglicher denn bloße Vernichtung und Beseitigung.

Ent-eignung läßt im Sein-losen »stehen«.

Aber was heißt »stehen« – Beständigkeit?

Und das Stehenlassen und die Seinlosigkeit – gehört das als Enteignung nicht doch zum Ereignis?

So daß Enteignung nur ist im Ereignis.

Oder ist Enteignung das Ereignis als Abschied und die Verabschiedung auch noch der Enteignung –?

Im Vergleich zu all dem ist der Gedanke des »Nichts« ein harmlos-leichter Gedanke und ein vertrautes Wesen der Metaphysik.

Das Seinlose »ist« das Voranfängliche und Nachanfängliche und zwar nicht, sofern es Anfangscharakter hat, sondern je nur im Anfang das Seiende »wird« und Untergang entwird.

Das Seinlose ist wißbar nur im Sein und wißbar nur in der Weise eines »Wesens«.

Aber hier erst enthüllt sich die innerste Nichtung des Seins selbst, daß es nicht nur Verbergung ist in ihm selbst und Verwehrung, sondern untergänglich die Enteignung.

Die Enteignung ist das Letzte der Innigkeit der Verwehrung, ist Abschied, nicht nur vom Seienden, sondern Abschied des eigenen Wesens.

Vom Seinlosen her ist daher ein geschärfter Blick in die Wesung des Seins und des Anfangs gewährt.

Was aber sagt dieses für Menschentum und Gottschaft? Das Ereignis der Enteignung?

Das alles ist so wesentlich im Sein und unberührbar von jeder Vernichtung von Seiendem und von seiner Verwüstung. Weil wir zu lang und zu blind am Seienden der Metaphysik gehangen, will uns gerade das Seinlose und der Abschied als das erscheinen, wogegen wir uns am ehesten sperren müssen; denn hier scheint doch der Nihilismus ins Unendliche übertroffen zu sein.

Und dennoch, hier fängt einzig zum erstenmal die Einzigkeit des Seins an, und seine Seltenheit wird in die Einzigkeit nicht eingeschränkt, sondern entschränkt ins reine Wesen der Untergänglichkeit als der Vollendung des Anfangs.

99. Das [Seiende] als das Seinlose

Hier muß Jenes gedacht werden, was im Wesen die Denkbarkeit abwehrt und auch ein Denken als seiendes nicht zuläßt.

Inwiefern und unter welcher Bedingnis können wir noch in dieses Äußerste des Denkens des Seins uns stellen?

Wenn das Seiende das Seinlose »ist«, dann erst wird jene Bestimmung erreicht, die immer wieder gesucht wird, wenn man das Ansich und Durchsich-Sein des Seienden für das Eigenste des Seienden hält. Das Seinlose bedarf nicht des Seins und »ist« gleichwohl nicht das Nichtige.

Wird aber das Sein so nicht doch zu einem bloßen Überwurf über das Seiende? Nein.

Alles liegt daran, ob wir die Wesung des Seins selbst anfänglich genug denken.[a]

[a] Die Wesung ist das Ereignis als die Kehr der Zueignung der Verwandtnis und der Übereignung der Verwindung.

C. Da-sein

(Gemüt)
Stimmung
Menschen – *Götter*

100. Da-sein

Zumal »denken« aus der Jähe des Anfangs: aus dem Sein (»-sein«), aus der Entbergung (Da-) und aus der Er-eignung des Menschen, der inständet im Da-sein und es ins Seiende gründet.

Da-sein zumal vom »Sein« her und vom »Menschen« her; aber das Sein als Anfang denken,
aber den Menschen als Opfer der Zugehörung in das Ereignis.

Deshalb sind die ersten Versuche, das Da-sein zu denken, in »Sein und Zeit« ständig hin und her geworfen zwischen der Auslegung des Menschenwesens, die aber nicht Anthropologie sein soll, und dem Erfragen der Wahrheit des Seins, die keine Metaphysik mehr ist und das Sein nur als Ermöglichung und Apriori kennt.

*

Das Da-sein hegt das Wesen der Wahrheit des Seyns.

Es ist der Wesenhag alles Wesenden und doch nie das Seyn selbst in seiner Anfängnis, sondern erst das Ereignete.

Der *Wesenhag des Seyns* ist dem Denken nur über das Seyn selbst und durch dieses erreichbar.

101. Da-sein und Schwingung

Das Wesen des Menschen ist nur dann wesentlich bestimmt, wenn »Wesen« einzig wesensgerecht als Sein gedacht und das Menschsein selbst aus dem Bezug des Seyns selbst zum Menschen erdacht wird. Diese Erdenkung des Menschenwesens führt in Bereiche, die aller Metaphysik verschlossen bleiben, weil sie ihrem Eigensinn zufolge sich ohnedies dagegen abriegelt. Diese Bereiche sind aber auch noch verhüllt im ersten Anfang, da das Sein erst im Aufgehen als Entbergung west und den Menschen erst als den Verweilenden in der Unverborgenheit anspricht, sonst aber sogleich ihn an das Seiende verweist, das sich ihm als ζωή darbietet, innerhalb welchen »Lebens« dann der λόγος vorhanden ist und den »Menschen« trägt.

Der Bezug des Seyns zum Menschen aber birgt in sich zuvor, bevor vom Menschen her eine Bestimmung mithereinspielt, jene Er-eignung der Lichtung des Da-, die als Da-sein west. Im Inzwischen dieser einzigen und anfänglichen Offenheit alles Offenen (d.h. seinshaft entborgenen) schwingt das Wesen des Menschen, sofern es in den Bezug zum Sein von diesem selbst ereignet wird. Der Mensch ist nicht »Mensch«, um dann außerdem noch in den Bezug zum Sein zu geraten. Dieser Bezug zum Sein aber ist auch wiederum nicht erst das Verhältnis des Menschen zum Seienden. Der Bezug des Seins zum Menschen ist das Ereignis der Gründung des »In-der-Welt-seins«, das seinerseits schon und erst das Verhalten zu Seiendem wesen läßt.

Die Rede vom Bezug des Seyns zum Menschen ist stets in einer Schwierigkeit, sofern sie »den Menschen« als entschieden und bestimmt vorausnimmt, während die Rede meint, daß das Seyn erst den Menschen einbezieht in den Bezug und ihn so erst erzieht und hinzieht in das Menschsein.

Das Wesen des Menschen, der hier nur geschichtlich und d. h. im ausgesprochenen oder unausgesprochenen Hinblick auf jenen Bezug gedacht wird, schwingt in dem Bezug des Seyns zu ihm.

Diese Schwingung meint die unentschiedene Fülle des Entscheidbaren durch das eigene Innestehen des Menschen im Da-sein.

Was das Denken anfänglich ›νοῦς‹ nennt und »mens« und »Geist« (Vernunft), ist bereits eine Art des Vermögens, aus dem sich der Mensch in der Schwingung hält, ohne sie selbst wesensanfänglich aneignen zu können. Vielmehr verschiebt sich der Anteil des Menschen am Sein sogleich in seinem Verhalten zum Seienden, das dann »das Sein« auch noch als das κοινόν zuläßt.

Jede Anthropologie, auch die »existentielle«, die den »Geist« rettet und ihn dem »Leben« gegenüberstellt und ein Gegenspiel beider als Grundzug des Menschen anerkennt, bleibt vom anfänglichen Denken der Schwingung ausgeschlossen.

Das Menschenwesen schwingt im Seyn, sofern es nicht nur als das Seiende, das es ist, gegen das übrige Seiende und zwar als Seiendes unterschieden ist, sondern mit seinem Wesen in die Unterscheidung des Seins gegen das Seiende verlegt und geworfen ist. Die Zukehrung zum Seienden ist jeweils diese und jene und jedesmal eine und nicht die andere; die Kehrungen zum Seienden werden weder von diesem verursacht, noch von Menschen gemacht; sie sind vom Seyn, dem wesenden Inzwischen, das zugleich allem Seienden die Lichtung ist, in die es aufsteht, durchschwungen. Das sagt: das Seyn bestimmt schon das nicht menschliche Seiende und bestimmt zugleich im Gegenschwung das menschliche Seiende und bestimmt im Zwischenschwung das Verhältnis des Menschen zum Seienden und den Anfall des Seienden an den Menschen.

Dieses Schwingen ist nicht »mechanisch« zu denken; es meint, daß das Sein erst Seiendes in das Offene der Offenheit des Seins erhebt und in solchem Heben trägt. Das Tragen im Hin- und Her-heben ist das Schwingen. Und die Getragenheit des Menschenwesens stammt nicht aus einer Einsenkung einer Seele in einen Leib. Die Getragenheit ist das Schwingen im Schwung der Geworfenheit aus dem Zuwurf, in den das Seyn sich das Menschenwesen er-eignet zur Gründung einer Wächterschaft der Wahrheit des Seyns.

102. Das Sein und der Mensch
(vgl. S.S. 41 Leitworte über das Seyn[1]
vgl. die Abgeschiedenheit des Anfangs[2])

Waltet aus dem Anfang her und in diesem eine ausgezeichnete Beziehung des Seins zum Menschen? Ist der Mensch der in das Da-sein Ereignete Wächter der Wahrheit des Seyns?

Und weshalb und inwiefern? Weil er die Möglichkeit der Inständigkeit im Da-sein hat; und vordem die ratio, den λόγος, den νοῦς –

Aber weshalb hat er diese Möglichkeit? Daß er sie hat, ist schon Ereignis – ist Anfänglichkeit.

Dieses »Daß« darf nicht aus der Feststellung einer vorhandenen Anlage eines vorfindbaren Lebewesens gemeint werden.

Dieses Daß – ist der Wink des Seyns in den Anfang.

»Der Mensch« darf nicht mehr zuvor animal und nicht einmal ζῷον λόγον ἔχον sein –[a], sondern der Mensch muß sogleich, in der Jähe des Anfangs, diesem die Zugehörung opfern. Woher aber dieses *Muß*? Aus der Einzigkeit des Seyns.

Das Seyn west niemals um des Menschen willen, höchstens ist der Mensch umwillen des Seyns, was jedoch nie sagt, des Seyns wegen; umwillen des Seins nur, damit der Mensch als er selbst sein Wesen gewinnt.

Das Sein ist dem Menschen ein Zu-fall; daß der Mensch in das Seyn ereignet wird, liegt nicht an ihm und bezeugt auch nicht irgend eine Bedürftigkeit des Seyns gegenüber den Menschen, gleich als bräuchte das Sein den Menschen.

Wenn aber Sein west in seine Wahrheit und diese als Dazwischenkunft das Seiende ereignet, dann hat der Mensch zur Gründung der Wahrheit des Seins im Seienden seine ausgezeichnete

[1] Grundbegriffe. Gesamtausgabe Band 51.
[2] Siehe oben, S. 14.
[a] es sei denn, wir denken ζῷον alethetisch.

Bestimmung; darin nach der Seite des Unwesens die Möglichkeit der Anmaßung und des Übermenschentums.

(vgl. Nietzsches Metaphysik[3])

103. Da-sein
(vgl. Anfang und Wahrheit)

ist die Er-eignung der Gründung der menschentümlichen Wesung der Wahrheit, sofern Wahrheit west als die entbergende Verbergung, darin die Anfängnis des Anfangs in sich untergeht.

Zunächst zwar scheint es, nur die »Übereinstimmung« mit dem Seienden vermöge das Seiende an ihm selbst und bei sich selbst zu lassen. Und dennoch ist gerade die adaequatio des Vor-stellens die versteckte Weise der Zudringlichkeit des Menschen, durch die er sich das Seiende zu-stellt, ohne das Sein anfänglich zu denken. Zwar scheint das Vor-stellen ein Sichöffnen zu vollziehen und dennoch verschließt *es* gerade sich der Lichtung des Seins und verwehrt die Entlassung des Seienden in das Sein.

Das Vor-stellen kann nicht aneignen das Ereignis des Seins als Dazwischenkunft.

Das Sein-lassen des Seins, nicht erst des Seienden, vermag nur das Da-sein und die Inständigkeit in ihm.

104. Da-sein

Das Da-sein ist die Erwiderung zum Seyn, welche Er-widerung das Seyn selbst er-eignet. Kein Seiendes vermag dem Seyn zu entgegnen, d.h. ihm zuzugehören in der reinen Bewahrung des Seyns.

Die Er-widerung ist hier das Entgegenbringen des Zuwurfs in

[3] In: »Nietzsche«. Gesamtausgabe Band 6.2, S. 231–300.

die vom Wurf eröffnete Lichtung. Das Eigene, das die Erwiderung vorbringt, ist Eigentum des Ereignisses; und dennoch muß das »Da« *seyn*, wann der Anfang in die untergängliche Anfängnis übergeht und die Verbergung ihres Wesens sich erwehrend zur Entbergung kommt.

Da-sein ist menschentümlich nur übernehmbar in der Inständigkeit im Abschied. Hier ereignet der Anfang eine Würdigung des Seyns, die Alles verlöre, was ihr an Wesensbesitz beschieden, wenn sie sich auf öffentliche Ausbreitung stützen und nur in einem Geringen darnach abschätzen lassen wollte.

Das Da-sein ist die er-eignete Stätte des Vorübergangs des Anfangs, welche Stätte zur Stille gestimmt ist, die allein die Würde des Seyns zu wahren vermag.

Nicht die Öffentlichkeit der Vielen, aber auch nicht die Auserwählung der Einzelnen vermag der Inständigkeit in der Stille zu genügen. Die Sage des Seyns muß im Namenlosen bleiben; sie ereignet sich so, als ereignete sie sich nie.

Erst die Abgeschiedenheit in die Stille des Da-seins erwidert dem Seyn als dem Abschied, darin der Anfang in seine Würde sich auffängt.

105. Da-sein

west erst im anderen Anfang und bleibt mit Jeglichem *unvergleichlich*, was vordem in der Metaphysik als Wesensgefüge des Menschen erkannt und vollbracht worden (Seele, Geist, Bewußtsein, Selbstbewußtsein, Vernunft, Leben). Unvergleichlich damit nicht nur, weil etwa Da-sein eine andere Bestimmung des Menschen ist. Sie ist dies überhaupt nicht im eigentlichen Sinne, sondern erst in der Wesensfolge und dann nicht nur anderen Gehaltes (etwa statt Subjektität »das Dasein«), sondern in anderer Weise und anderen Wesens, d. h. zuvor anderen Anfangs ist *Da-sein*. Sein Wesen gehört ganz dem Seyn als Er-eignis, das der andere Anfang ist. »Da-sein« läßt sich auch durch keine Entsprechung erläutern und nirgendwo in geläufigem Rahmen unterbringen. Es bestimmt je *selbst* erst die Ort- und Zeit-schaft der Gründung der Wahrheit des Seins in das Seiende.

Die höchste Gewährung, die sich als das Seyn ereignet, ist die des Da-seins.

Das Da-sein, in dem ganz anderen Sinne von »Sein und Zeit« verstanden und *noch* anfänglicher gedacht als hier, ist die Wesung des Zeit-Raumes für alles Sein des Seienden.

Was »Da-sein« genannt wird, bleibt befremdlich für alles metaphysische Denken, ist aber auch nicht unterzubringen in dem, was im ersten Anfang west.

Vor allem aber ist den Heutigen der Schein eines Zusammenhangs mit dem Menschen abzuwehren, welchem Schein in gewisser Hinsicht auch noch »Sein und Zeit« zum Opfer fiel, welcher Schein aber auch daran seinen Halt behält, daß das entsprechend gewandelte *Wesen* des geschichtlichen Menschen für das Da-sein vom Seyn in den Anspruch genommen wird.

In der Verwindung des Seyns wird gerade das Da-sein in seine Anfänglichkeit entlassen und zu-gelassen.

106. Das Da-sein

ist seinem Wesen nach aller Metaphysik unzugänglich.

Aber auch nicht erfahrbar in seiner einzigen Rolle, die kein Vergleichbares im Gefüge der Wahrheit des Seienden hat und in der Einteilung Welt, Mensch, Gott und ähnliches nicht anzutreffen und auch nicht unterzubringen ist; denn Da-sein ist vor allem nie das Selbe mit dem Menschen.

107. Da-sein

und die Geworfenheit in die Grenze der Entbergung und Verbergung.

Die Geworfenheit als Wesung der Geschichte des Da-seins.

108. Das Da-sein und der Mensch

Wesensherkunft des Menschen, sofern er erfahren wird aus seinem Bezug zum Sein, welcher Bezug nur west als Charakter des Einbezugs des Menschen in das Seyn »durch« das Seyn.

Das Sein
Die Ereignung (des Da-seins)
Die Stimme (Wort des Seyns – Verbergung – Verschweigung)
Die Stimmung
Die Zu-mutung
Das Gemüt
Die Inständigkeit
Die *Befindlichkeit* (Leiblichkeit)
(anders begriffen als in »Sein und Zeit«, wo mit Stimmung gleichgesetzt)

Da-sein ist als Ge-müt die Gestimmtheit durch die Stimme des Seyns –;

Da-sein west als der reine Wieder-klang des Seyns; nie verwandelt Da-sein zu sich das Sein, sondern inständet in der Über-eignung in die Dazwischenkunft.

109. Der andere Anfang
Menschentum –
Gottschaft –

ist das Er-eignis und wandelt das Menschen- und Götterwesen zumal. Nicht nur treten andere Götter an die Stelle der alten, sondern das Wesen der Gottschaft ist ein anderes.

Das Menschentum im anderen Anfang west in der Wächterschaft der Wahrheit des Seyns, um dessen Verwindung zu würdigen.

Die Gottschaft im anderen Anfang entstammt dem Eigentum des Seyns der Wahrheit, d. h. dem untergänglichen Wesen des Anfangs (Der »letzte Gott« ist der Gott der Anfängnis).

Gleichwie der Mensch nicht mehr animal rationale ist, so hat der Gott sein metaphysich demiurgisches Wesen abgeworfen.

Die innerste Unwesenheit des Christentums (als Metaphysik und Kulturanspruch) liegt darin, daß es eine Verwerfung des Gottes durch das Sein nicht zulassen kann, wenngleich die Kläglichkeit des Christengottes angesichts der Weltgreuel, die je und je anders von anderen in seinem Namen gerechtfertigt werden, für jede geringe Besinnung offenkundig geworden ist.

Menschentum und Gottschaft entsprechen sich erst im Da-sein, das schon Ereignung ist des Ereignisses.

110. Die Gottschaft im anderen Anfang

Der andere Anfang ist anfänglicher und deshalb fängt er eigens aus seinem Untergang und zu diesem an.

Wir ahnen den Gott der Bergung.

Wir ahnen die Göttin des Untergangs.

Wir wissen nicht die Geschichte dieser Gottschaft.

111. Ereignis, Eigentum, Armut

Das höchste Eigentum des Menschentums, das nach der Überwindung der Metaphysik zur Inständigkeit im Da-sein bereit wird und so die Gründung der Wahrheit des Seyns übernimmt und so in die Geschichte des Seyns eingeht, ist zufolge diesem Eingang in das Ereignis die *Armut.*

Die Armut meint hier nicht Mangel, sondern die Inständigkeit (das Gemüt, die Gestimmtheit) im Einfachen und Einzigen: dieses aber ist die Wesung des Seyns.

Aus ihr erst ersteht in die Lichtung des Da das Seiende anfänglich.

Die Armut und die Schenkung –

Die Gelassenheit in der Wesung der Er-eignung.

112. Das Da-sein und die Stimmung

Die Stimmung stimmt als Stimme – als Wort, d. h. als Verschweigung, als Sein.

Die *Stimmung* im Da-sein –
sie ist durch kein anthropologisch psychologisches Vermögen und durch keinen Bereich (Leib – Seele – Geist) zu fassen.

Die Stimmung und die Wesung der Wahrheit.

Die Stimmung und die Stimme der Geschichte des Seyns.

Die Stimmung nicht nur daseinshaft, ja in Wahrheit überhaupt nicht; (dafür das Gemüt). Stimmung als Wesung des Seyns.

Die Metaphysik und ihre Selbstverständlichkeit verzwingt in die Meinung, »Stimmung« sei nur psychologisch, moralisch, anthropologisch faßbar.

113. Die Stimmungen und das Seyn

Anthropologisch vorgehend findet man vielerlei »Stimmungen«, und man kann eine Botanik der Stimmungen und d. h. ein Herbarium der Stimmungen anlegen und dann noch je nach Stimmung unter diesen die eine der anderen vorziehen und je nach den Wünschen der »Zeit« die einen vertreten und die anderen verwerfen.

Weil aber alle Anthropologie zur Metaphysik gehört und dieser die Wahrheit des Seins nicht einmal zur Frage werden kann, bleibt hier der Wesensbezug des Seins zur Stimmung verborgen. Dieser Bezug aber ist das Einzige, was ein Denkender bezüglich der Stimmungen und ihres Wesens denken kann.

Alsbald zeigt sich, daß »die Stimmungen« in ihrer Mannigfaltigkeit nicht bereitliegen wie Schlupfwinkel für das jeweilige Zustandsgefühl des erlebenden Menschen. Vielmehr sind die Stimmungen einheitlichen Wesens je aus dem geschichtlichen Wesen des Seins. Alle Stimmungen kommen im jeweiligen Wesen des Seins überein; und ihr Gegensatz ist nur ein Schein, der eine Verengung des Wesens der Stimmung betreibt, wo er doch vorgibt, sich in ihren Reichtum zu ergießen.

Die Grundstimmung des Dankes

114. Stimmung

Ihr Wesen denken, kann nur heißen, denkend die Stimmung der Stimme hören.

Nicht aber im allgemeinen, als sei dies ein vorhandener Gegenstand, über Stimmungen und ihre Arten Abhandlungen verfassen.

Die Inständigkeit in der Stimmung wird erst notwendig und wesentlich im Austrag des Übergangs zum anderen Anfang.

Hier hat Ereignung und damit das Stimmen der Stimme angefangen.

Die Stimmung des Übergangs aber ist:

Die Großmut der Langmut in der Armut aus dem Reichtum der Ereignung des Daseins durch die Innigkeit des anfänglicheren ersten Anfangs.

115. »Angst«

Wenn man die Angst nur als »Ängstlichkeit« kennt und sie als Kleinmut ausgibt, liegt der Verdacht nahe, daß diese Verkleinerung der Angst versucht, ihr in dieser Weise auszuweichen. Dann wäre die »Angst« (nämlich die Furcht) vor der Angst im Spiel. Und das ist in der Tat das Haupthindernis, daß die »heroische« Aufmachung aller Verhaltungsweisen dazu führt, sich im Wesen der Angst zu versehen und ihren Grundzug als eine Großmut nicht zu erfahren.

In der Angst, wesentlich und d. h. aus dem Bezug zum Seyn begriffen, waltet die Scheu vor dem Seyn und eine Würdigung des Seyns.

Die Angst, so begriffen, hat aber die Auszeichnung, das Nichthafte des Seyns selbst be-stimmend werden zu lassen.

116. Das Seyn – Das Da-sein – Das Gemüt

ist der Mut des Gemüts. Im Gemüt hat sich jeder Mut und jede Mut, alle Zumutung und jede Anmutung ursprünglich gesammelt.

Das Gemüt ermutigt und entmutigt, mutet zu und ab.

Das Gemüt ist Gestimmtheit durch die Stimmung der Stimme des Seyns. Das Gemüt ist des Da-seins. Wie das Seyn selbst stimmt und das Gemüt des Da-seins sich zu-mutet.

Das Gemüt entbirgt und verbirgt; inständet in das Inzwischen der Lichtung des Seyns.

Die Armut	und	die Fülle des Seyns als Ereignis
Die Sanftmut	und	die Stille des Seyns
Die Langmut	und	die Weile
Die Anmut		dieser dreifache Mut als Glanz des Anfangs (Die Großmut der Langmut für die Würde der Armut der Ereignung)
Die Großmut	und	das Seyn als Verbergung (die Würde)
Die Schwermut	und	die Abgründigkeit des Seyns
Der Gleichmut	und	die Zwiespältigkeit des Seyns
Unmut und Mißmut	und	das Unwesen im Seyn.

117. Ehrfurcht

Nietzsche meint: »es fehlt der *große* Mensch und *folglich die Ehrfurcht*«.[1] (Zarathustra)

[1] F. Nietzsche, Nachgelassene Fragmente Herbst 1884 bis Herbst 1885. In: Kritische Gesamtausgabe. Hrsg. v. G. Colli u. M. Montinari. Berlin-New York 1974. 7. Abteilung, 3. Band, S. 77.

Dieses »folglich« spricht das Wesen der neuzeitlichen Metaphysik aus und bezeugt die Seinsvergessenheit und den Wahn, eine Wesentlichkeit des Menschen zu erwirken durch den großen Menschen.

Hier mag die Frage, was »groß« sei, übergangen werden.

Dagegen müssen wir bedenken, daß die Ehrfurcht als Stimmung des Gemüts im Bezug zum Sein selbst west und ohne diesen Bezug nur ein flüchtiges Vorkommnis am Menschentier bleibt, so gleichgültig wie irgend eine Veränderung seiner Haut und Haare.

Sogar wenn wir billigerweise versuchten, jenen Satz einfach umzukehren, träfe er nicht das Wesentliche. Der Satz hieße dann nur: »es fehlt die Ehrfurcht und folglich der große Mensch«. *So* weit gibt dieser Satz einen Wink, als er zeigt, daß erst Offenheit sein muß für Wesenhaftes, um ein Großes und dann vielleicht auch einen großen Menschen zu erschätzen und zu erkennen und festzuhalten.

Aber was sagt das: »es fehlt die Ehrfurcht«? Ist das nur die Feststellung eines Mangels im Bereich der Gemütsstimmungen? Oder ist dies ein geschichtliches Wort, das nichts ahnend von einer Seinsvergessenheit des Menschen sagt, der zufolge er längst ausgeschlossen ist von dem Wesensstand, das Seyn zu würdigen?

Es fehlt die Ehrfurcht: Der Mensch irrt in der Seinsverlassenheit.

118. Die Geschichte des Menschen

Wollte man unmittelbar fragen, wie das anfängliche und d.h. seynsgeschichtliche Denken sich die künftige Lage des Menschen denke, welche Verfassung im Seienden es dem Menschen zuspreche und welche »Ordnung« des Seienden selbst sich ergebe, dann können diese Fragen zwar für sehr »interessiert« gelten, aber auch nur dieses. Sie bezeugen sogleich, daß man schon wieder gesonnen ist, das Seyn zugunsten des Seienden zu überspringen, da man ja nun doch »sich« und den Menschen im Seienden einzurichten habe. Man setzt voraus, daß die Beständigkeit des Menschen in der Welt das Entscheidende sei und alles auf die Sicherung derselben angelegt werden müsse. Man denkt in dieser Bekümmerung unversehens in der bisherigen Weise, man denkt metaphysisch-humanistisch und scheut sich nicht, diese »Humanitäts«frage auch als einziges Anliegen in den Anfang der abendländischen Geschichte, in das Griechentum, zurückzudeuten.

Ein Ableger dieses metaphysischen Humanismus und nur ein Ableger ist auch der Biologismus, der sich auf den Fortgang der Zeugung des Lebens beruft und auf den Menschen gesehen an das »ewige« »Volk« »denkt«. Man ist überhaupt mit der »Ewigkeit« des Bestandes und der »Ziele« des Menschen sehr freigebig, ohne sich um die Rechtfertigung dieser Machtsprüche zu bekümmern und auch nur zuvor das Eine zu bedenken, daß sie sich alle herleiten aus der Seinsvergessenheit, die dem Seienden als dem Wirklichen und Fortwirkenden alle »Macht« zugesteht. Innerhalb dieses Bezirks kümmert man sich nur erneut um eine andere oder das Bisherige gar wiederherstellende Ordnung der Dinge und Rettung des Menschen. Man übersieht ganz, was die Wahrheit des Seyns selbst für sich beansprucht. Denn das Seyn als Ereignis fordert zwar nicht und begünstigt nicht die Untätigkeit des Menschen. Die Inständigkeit in der Wahrheit des Seyns schließt nicht einen »Quietismus« in sich, gleichwenig wie einen Aktivismus.

Das Seyn übereignet in die Bereitschaft zum Wandel des Wesens des Menschen und d.h. seines Bezugs zum Seyn. Und hier findet alle Berechnung und Planung, die immer schon das Seiende vorausgesichert hat in seiner *Art*, zu sein, ihr jähes Ende.

Hier ist die wesenhaft unerrechenbare, außerhalb des Rechenhaften sich ereignende Einzigkeit des Anfangs.

Aber die Geschichte muß doch weitergehen; es muß doch etwas geschehen mit dem Menschen. Dem Menschentum muß doch ein Etwas gegeben werden, woran es sich halten, worin es sich verständigen kann. Man redet wieder wie ein »Organisator«

der Welt und vergißt Zweierlei. Man verkennt, daß die »Geschichte« zunächst ohnedies so oder so »weitergeht«, weil sie seit langem schon in diesem Fortschritt verhaftet ist. Man verkennt, daß das Wissen vom Seyn und die Inständigkeit in ihm wesentlich ein Reichtum des Menschen ist, weil er Unentschiedenes bereithält darüber, worin der Mensch das Wesenhafte finden und gründen, woraus ihm das Edle und das Opfertum kommen, wie ihm ein Anfang und daraus eine Einzigkeit kommen soll.

Die Vernutzung der Hoffnungen und Erwartungen im nur Berechenbaren und Greiflichen, die Einschränkung auf Sicherheiten und Nutznießungen haben längst das Menschentum unempfänglich gemacht für das Wesenhafte des Einfachen und Fernen, des Lärmlosen und Bündigen und dessen, was keinen Nutzen abzuwerfen braucht, um sich als seiend zu bewahrheiten.

119. Der Mensch und das Sein als »Wille«

Im Menschen wird, weil er den Wesensbezug des Seins zu ihm innehat, das Sein offenkundig und deshalb auch der »Wille«.

Sonst meint man, »Wille« sei ein menschliches Vermögen und werde von da übertragen in das übrige Seiende.

Seinsgeschichtlich aber ist alles anders.

»Wille«, »Verstand« und alles dgl. als Ge-müt des Mutes und der Gestimmtheit als des Grundgefüges des *Da-seins* zu wissen.

(vgl. Aus der Geschichte des Seins, II. Entw. S. 34[1])

120. Das seynsgeschichtliche Wesen des Todes

Der Tod – aus dem Da-sein und der Inständigkeit in ihm, welche Inständigkeit als Menschsein bestimmt ist, begriffen – hat den Charakter des Untergangs.

[1] In: »Nietzsche«. Gesamtausgabe Band 6.2, S. 411 f.

Tod ist Übereignung in das Eigenste der Wahrheit des Seins.

Tod ist Übereignung in den Untergang, Zugehörigkeit in den Anfang.

Der Tod ist – seynsgeschichtlich gedacht – nie Übergang in ein anderes »Leben«, nicht die Beförderung in ein besseres Fortdauern. Auch nicht die Täuschung des Erhaltenbleibens im Meinen der Menschen.

Der Tod *ist* Untergang und das *ist* höchster Anfang, *ist* äußerste Verbergung, *ist* Sein.

Jede Anthropologie steht ratlos vor dem Tod, und jede Theologie ist allzu gut beraten, als daß sie seine Würde in einer einzigen Fragwürdigkeit zu erkennen vermöchte.

D. Dazwischenkünfte
(Inständigung in das Da-sein)

121. Dazwischenkünfte

Dazwischen-künfte: daß das Seyn als Verbergung, als Loslassung in die Seinsverlassenheit, als Zulassung schon der Machenschaft anfänglich in das Seiende eingefallen ist.

Die Inständigung muß in das Da-seinshafte Menschentum und dessen gewandeltes Wesen vordenken.

Das Gemüt und die Zumutungen.

Dieses sogleich wieder zurück in die Anfänglichkeit der Stimme der Stimmungen.

122. Das erinnernde Vordenken in den Anfang

Der Anfang ist die Wesung der Wahrheit (der entbergenden Verbergung; erstanfänglich der 'Αλήθεια).

Die so wesende Wahrheit *ist* das Sein. Das Sein *ist* als die Wahrheit, diese als der Anfang.

Im Anfang erst west die Fülle des *Ereignisses*, als welches das Seyn als den anderen Anfang zunächst nennt. Wesung selbst ist Anfangen.

Das Denken des Anfangs aber läßt sich nicht mehr ein auf das Seiende; nicht einmal mehr auf die Unterscheidung, als könnte diese die Brücke bilden vom Seienden zum Sein.

Schon in diesem *aller* Metaphysik entgegen handelnden, besser: außerhalb ihrer verbleibenden Denken wird sogleich der Anfänglichkeit des Anfangs die Würde zugestanden, wenngleich zunächst alles noch im Unbestimmten zu wanken und ins »Abstrakte« verloren zu sein scheint.

123. *Das anfängliche Denken*

Die Anfänglichkeit ist im ersten Anfang eine andere als im anderen. Im ersten Anfang ist das Denken vom Anfang, von der Entborgenheit selbst so einzig über-nommen und in sie eingelassen und ganz Einlassung (νοεῖν – λόγος), daß selbst die Unverborgenheit nicht eigens als Wesung des Seins ge-würdigt, d.h. zum Erfraglichen erhoben wird. Unverborgenheit west als das Erste – Einzige – so einzig, daß nicht einmal die Verborgenheit und Verbergung bedacht wird.

Weil dieses nicht geschieht, deshalb ist die Verbergung auch entzogen und bestimmt nicht die Wesensgeschichte der ἀλήθεια; daher die Zulassung in die ὀρθότης.

Das erstanfängliche Denken ist Eingelassenheit in den Anfang. Das seynsgeschichtliche Denken ist Erinnerung in den ersten Anfang als Vordenken in den anderen.

Aber auch dieses seynsgeschichtliche Denken denkt nie »über« den Anfang, als sei die Aussage »über« das Wesen des Anfangs sein Wesentliches –; *die Bereitschaft zur Über-eignung in das Er-eignis ist das Einzige.* Das erinnernde Vordenken ist überdies zuvor übergänglich und bleibt (durch die Stimme des Seyns) einzig dahin bestimmt, erst einmal dem geschichtlichen Menschentum die Würde des Seins selbst nicht zu verlegen, sondern Anstöße zur Besinnung in diese Würde unter die Hörenden zu verteilen.

124. *Das seynsgeschichtliche Denken als anfängliches*

Das anfängliche Denken im Sinne der seynsgeschichtlichen Erwürdigung des Seins selbst als des Ereignisses ist ein anfänglicheres Denken.

Weil es in die Innigkeit der Ab-gründung des Anfangs denkt, denkt es seine Einzigkeit einzig, und deshalb denkt es zugleich den letzten Untergang.

Das seynsgeschichtliche Denken ist das *untergängliche* Denken. Es denkt aus dem letzten Untergang. Ist es deshalb zerstörerisch? Im Gegenteil. Es ist destruktiv als Ab-bauen der Verschüttung des Anfangs durch die Metaphysik.

Allein der Untergang ist das Höchste der Einzigkeit des Anfangs.

(Das seynsgeschichtliche Wesen des menschlichen Todes ist die Übereignung in die Untergänglichkeit des Anfangs).

(Die Verschlingung der Frage nach dem Tod mit der unbewältigten Frage nach dem Da-sein in »Sein und Zeit« hat diesen, hier noch nicht gewußten, aber geahnten Bezug zu ihrem Grunde).

*

Die Inständigen müssen das Zerbrechen der Götter innerhalb der Überwindung der Metaphysik erkannt haben. Sie dürfen nicht mehr nur auf »Götter« hoffen. Sie bleiben zurück gegenüber dem Anfang, auch dann, wenn das Absolute als Gott gesetzt ist.

Die Inständigen müssen die Wesenlosigkeit des animal rationale erfahren und jede Anthropomorphie überwunden haben und nicht wieder noch meinen, der Mensch schaffe die Götter. Denn hier ist das Zuschaffende insgleichen wie der Schaffende als Seiendes ein Ende – das vor dem Anfang ausweicht.

Anfängliche Würde ersteht im Seyn. Anfängliche Ehrfurcht ist die Anmutung des Da-seins.

125. Verwahrende Verbergung und Da-sein
Anstoß

Welches ist der anfängliche Mut, der die Stimmung gibt, die auf der verwahrenden Verbergung be-stimmt ist?

Woher kann, wenn auch nur unbestimmt, ein Anstoß kommen, der das metaphysische Zeitalter im Einzelnen erschüttert und den Bezug zum Sein als das Einzige der Würde würdigen läßt?

Anstoß und Anklang.
Die Erschütterung des Seienden selbst.
Die Fluchtversuche in die Metaphysik.
»Theologie« und »Anthropologie«.
»Christentum« und »Biologismus«.
Die brüderliche Scheinfeindschaft.
Die Einigkeit in der gleichen Ahnungslosigkeit des Verharrens in der Seinsverlassenheit des Seienden.

126. Sein und Zeit – Da-sein

»Sein und Zeit« als Name nicht für eine Abhandlung, sondern ein »Bereich«, der zu eröffnen ist und in den zu verwandeln ist das *Wesen* des Menschen.

Da-sein – was so in »Sein und Zeit« genannt ist, kann erst aus dem Erfahren des anfänglicheren Wesens der Wahrheit des Seyns ins denkende Wort gestellt werden.

Freiheit als ekstatische Inständigkeit in der Wahrheit des Seyns.

Da-sein – zumal wenn Seinsfrage nicht voll entfaltet, nicht ohne Durchgang durch den Menschen, aber auch *wenn* Jenes geleistet, muß noch die Inständigkeit und gerade sie in die Besinnung gebracht werden.

Entsprechung zur Existenzphilosophie.

127. »Analyse« und »Analytik des Daseins«

Die »Analyse« der jeweiligen, *historisch* gegenwärtigen »Lage« ist ihrem Wesen nach die metaphysische Umkehrung der unbedingten Synthesis des absoluten Wissens, welche Synthesis das Grundgefüge des »Systems« ausmacht.

»Analyse« ist Bewußt-machen der je vorhandenen und zuvor als maßgebend anerkannten wirtschaftlichen, politischen »Wirklichkeit«. »Analyse« ist nur eine »Funktion« und d.h. »Funktionärin« dieses Wirklichen; sie betreibt die ausgesprochene Nachläuferschaft und ist entwurf- und entscheidungslos. »Analyse« ist die Ausformung des Positivismus; sie muß jedesmal nach der Lage sich richten; sie *scheint* zu lenken und wird doch nur stets geschoben.

»Analyse« ist »Auflösung«, aber nicht Lösung einer Frage, sondern Zersetzung und Wegschaffung dessen, was die maßgebende Wirklichkeit *nicht mehr* als wirklich zulassen kann. Die »Situationsanalyse« ist die mitläuferische Interessenverrechnung im Automatischen, das den Namen des »Organischen« trägt.

»Analytik« (in »Sein und Zeit«) meint dagegen: ursprünglich lösender (destruktiver) Rückgang in den anfänglichen Entwurf.

IV. DIE AUSLEGUNG UND DER DICHTER

A. Bemerkungen über das Auslegen
(Hölderlin-Auslegung)
vgl. das anfängliche Denken
(vgl. Zu Anaximander, Heraklit, Parmenides (A. H. P.))

128. Auslegung

Das Sagen und Denken muß in irgend einer Weise *zugänglich* sein, d.h. ein Anstoß zur Besinnung muß von ihm ausgehen können. Dies meint aber nicht, es soll *»verständlich«* sein. Wäre es nur dieses, dann bliebe es zum voraus überflüssig. Was soll die Mitteilung eines Verständlichen, mit dem schon die Verständigkeit, ohne Besinnung und Wandlung, einverstanden wäre, so daß sie zuvor alles schon zum ihrigen gemacht und sich davor gesichert hätte?

Für Zugänglichkeit, aber gegen Verständlichkeit! Beiden Forderungen wird ursprünglich ein Genüge im wesentlichen Sagen selbst.

Jede geschichtliche Auslegung ist im Unterschied zur historischen Interpretation, die auf das Eigensüchtige ihres je Heutigen erpicht ist und Vergangenes in die Gegenwart zerrt und so unter dem Schein der Objektität nur räuberisch willkürlich sich benimmt, ein Verschenken.

Denn Auslegung muß selbst erst aus sich Anfänglicheres gründen und dieses dem Anfang und der Geschichte überlassen, damit sie aus ihrem Anfang anfänglicher aufgehe.

Wer nicht *die Kraft hat zu dieser Verschenkung*, gemäß der er selbst als der bloße Nachkömmling erscheint und der Anfangslose, der soll nie eine Auslegung wagen, die geschichtlich sein könnte im Sinne der Geschichtsgründung.

129. Das Auslegen

kann genommen werden als Verfahren der Historie; dann dient es der Erklärung und Verständigung. Die Verständigung betreibt die *Beständigung* des Gegenständlichen. Diesem Auslegen als Geschäft der Historie kann dann eine Methodenlehre zugeordnet werden. Das Auslegen ist dann etwas Lernbares; das Gelernte muß sich mit entsprechenden Abwandlungen auf die verschiedensten Fälle anwenden lassen. Gemäß den verschiedenen Grundstellungen der Historie gibt es verschiedene Weisen und Absichten der Erkundung und demgemäß auch vielfache Weisen der Erklärung und d. h. der historischen »Auslegung«.

Von solchem »Auslegen« wird hier nicht gehandelt, lehrhafte Anweisungen werden nicht gegeben; vollends besteht kein Anspruch auf eine »Theorie« der »Interpretation«. Dies alles beschafft sich die historische Forschung am sichersten selbst aus der Durchmusterung der eigenen »Erfahrungen«. Ihr »Auslegen« sei das (historische) *Erklären* genannt und der Name »Auslegen« einer anderen Denkungsart vorbehalten. Diese Zuteilung der Namen mag man für willkürlich halten. Es gilt aber die Sache. Daher kann auch das »Auslegen« nicht kurzerhand durch den Unterschied zur »historischen« etwa als die »philosophische« Interpretation bestimmt werden.

Das Auslegen ist dem anfänglichen Denken aufgegeben und zwar dem anfänglichen, das im anderen Anfang denkt und so in sich die Auseinandersetzung des ersten und des anderen Anfangs denken muß. Das erstanfängliche Denken ist noch kein Auslegen; es ist noch nicht seynsgeschichtlich.

Jedesmal ist das Aus-legen das Heraus-legen dessen, was in sich, in seinem *anfänglichen* (anfanghaften) Wesen die Befremdung wahrt. Das Heraus-legen bringt ins Offene, aber so, daß es dem Anfänglichen nicht die Befremdlichkeit nimmt, sondern läßt. Dieses einfache In-sich-Wesen-*lassen* des Anfangs hat den Charakter der Weg- und Fernstellung.

Das Anfängliche wird in das Gewesene und in das Kommende als seine innigen Eigentümer zurück-gestellt.

Dieses Fern-stellen zeichnet das Auslegen aus und deutet seinen Wesensbezug zum Anfang an.

Solches Fernstellen ist das sagende Öffnen des Inzwischen, ist das Sagen des Seyns selbst.

Das Auslegen hat in sich den einzigen Wesensbezug auf das Seyn, d.h. auf den Anfang, d. h. auf die Geschichte.

Das seynsgeschichtliche Auslegen ist in seinem Wesen dreifältig:

1. Die Auslegung der Geschichte des Seins (des ersten Anfangs und seiner Geschichte, die sich als die Metaphysik enthüllt, wobei die Metaphysik in sich Geschichte ist, nämlich Entscheidungsfolge der Wahrheit des Seienden in seiner Seiendheit).
2. Die Auslegung des Seyns als Geschichte, *als* Anfang. Das Sagen des Einfallens der Dazwischenkunft; das Wort des Ereignisses.
3. Die Auslegung in der Bündigkeit der beiden vorigen Weisen. Die Auslegung im *Übergang* vom ersten in den anderen Anfang. Die Geschichtlichkeit dieses Übergangs ist entschieden durch das Wort Hölderlins. Die vorbereitende Auslegung »des« Dichters.

Die Dreifältigkeit des Auslegens entspringt der Einheit des einfachen Sagens des Wortes des Seyns.

Was von der einen Weise des Auslegens vollzogen wird, gehört auch je den beiden anderen.

Die Besinnung auf das Auslegen dient nicht der Aufstellung einer »Theorie« »über« »Interpretation«, sondern vollbringt nur den Versuch, das Auslegen inständiger werden zu lassen. Die Besinnung ist selbst Auslegen, nicht Auslegung der Auslegung, sondern das Sicheinlegen in deren Wesen.

Die Auslegung der Geschichte des Seins, sei diese der erste Anfang oder die Metaphysik oder das Vor-sagen des anderen Anfangs durch den Dichter, kommt am ehesten noch in die Nähe der historischen Erklärung. Von außen genommen und als vorgelegter Versuch einer Mitteilung unterscheidet sich die Auslegung nicht von der Erklärung – alles kann in den Rahmen der philosophiehistorischen Forschung eingespannt werden. Die Abwehr dieser unumgänglichen Mißdeutung des Auslegens führt zu nichts. Die bloße Abweisung vermag nicht die Inständigkeit im Seyn zu erwirken. Den Anspruch des Seyns muß je einer hören; dieses Hören kann keiner erzwingen.

Die Versuche, nun doch das Wesen der Auslegung zu erläutern, haben nur ein bedingtes Recht. Sie können die Bereitschaft des Fragens miterwecken, sie können die Inständigkeit in der Wahrheit des Seyns nie erwirken, da diese nur er-eignet wird.

Im Auslegen gibt es keine »letzte« Auslegung, die gleichsam in der Aufhebung der vorangegangenen bestände und das »Richtige« ihrer Ergebnisse zusammennähme. Jede Auslegung ist anfänglich und als solche je die erste.

Im historischen Erklären dagegen bleibt die Aufsammlung der Ergebnisse, ihre Verarbeitung und Einreihung in eine bestandliche Erklärung und Verständigung stets ein notwendiges Ziel.

Jede historische Interpretation zielt auf die Vorstellung dessen, was Dichter, Denker, Bildner, Gründer jeweils gemeint haben und als das Ihrige kannten. Dieses Ziel erreicht sie nie.

Die geschichtliche Auslegung sagt Jenes, was je die Dichter, Denker, Bildner schon überstimmt und unzugänglich bleibt. Das Überstimmende gewährt die Stimmung ihres Bestimmens, dessen Stimme sie nur wie einen Nachklang vernehmen, aber vorausklingen lassen den Nachkommenden.

Die geschichtliche Auslegung ist historisch gerechnet stets unrichtig und willkürlich. Sie mißversteht sich aber selbst, wenn sie innerhalb des historischen Meinens sich ein Anrecht verschaffen möchte.

130. Das Auslegen

Der immer wiederkehrende Einwand gegen die Auslegung zumal des anfänglichen Denkens meint, daß es zuviel und nicht Dastehendes hineindeute.

Nun – dieses Zuviel ist stets noch zu wenig und zu gering; und das Nicht-Dastehende ist immer noch nicht befremdlich genug.

Immer wieder machen wir den gesunden Menschenverstand zum obersten Richter und rechtfertigen ihn durch die wissenschaftliche Forderung der »exakten« Wiedergabe dessen, was der Text sagt.

Was ist der »Text«? Das Lügengewebe des gemeinen Meinens – oder die Verhüllung einer einfachen, einzigen, seltenen Besinnung?

131. Auslegung

Jedes denkende und dichtende Wort aus den wenigen einzigen, die in unserer Geschichte gesagt werden, hat das Eigene, von ihm selbst überdacht und überdichtet zu werden. Das, was je der Denker und Dichter im Wissen hat, erschöpft nie sein Wort. Dessen Fülle ist auch nicht ein bloßes »Mehr« im Vergleich zu dem gerade im Sagen Gewußten. Es ist ein verborgen Anderes, das nicht einmal unmittelbar aus dem geradehin verständlichen Wort »erschlossen« werden könnte. Hier bedarf es nur wieder des anfänglichen Denkens und Dichtens. Hier gibt es nicht die Eindeutigkeit der Rechnungen und der Definitionen. Hier gibt es noch weniger die Verschwommenheit eines gedankenlosen »Erlebens«. Hier ist nur die Schärfe des Wissens aus dem einzigen Bezug zum einzigen Wesenhaften, d.h. zum Seyn. Von hier allein entspringt ein Einverständnis, d.h. das Aneinanderdenken der Denkenden.

132. Auslegung

Eine Auslegung, die sich beweisen läßt, ist keine Auslegung; denn »beweisen« heißt Verweisung an das schon Geklärte und Klare als das Erklärende. Die Auslegung aber führt in das Verborgene und fordert die Inständigkeit im Verborgenen als dem Anfänglichen.

Allerdings ist nun nicht umgekehrt jede Unbeweisbarkeit für sich schon die Bewährung der Wesentlichkeit einer Auslegung.

Deren Bewährung besteht darin, daß sie *durch* das Auszulegende selbst *überflüssig* wird.

Diese *wesenhafte* Beseitigung der Auslegung begründet es allein, daß nun auch die nachträgliche und von außen kommende Frage nach ihrer Richtigkeit keinen möglichen Anhalt mehr vorfindet.

Über die Wahrheit einer Auslegung entscheidet je nur das ausgelegte Wort selbst, sofern es ein Wort »des« Seyns ist.

(Auslegung meint hier nie »historische Interpretation«.)

Die Wahrheit einer Auslegung entscheidet sich aus dem Wesen der Wahrheit, in das sie sich eingelegt hat.

Die Wahrheit einer Auslegung zielt nicht und nie zuerst und niemals allein auf die Richtigkeit der historischen Interpretation.

133. Die »Zirkelstruktur« des Auslegens

Darüber ist in »Sein und Zeit« 152 f. erstmals das Wesentliche gesagt; denn es genügt nicht, auf den Zirkel hingewiesen und Mancherlei darüber vermerkt zu haben, um ihn annehmlich zu machen. Auch Dilthey hat hier nicht klar gesehen, weil er die Frage des Bezugs von Sein und Wahrheit nicht stellen konnte, da er von der Frage nach dem Sein so wenig wußte wie alle vor ihm.

In »Sein und Zeit« ist der Zirkel positiv in die »Vor-struktur« des Da-seins gegründet. Weil aber das Wesen das Da-seins durch das Seinsverständnis ausgezeichnet ist, muß eben dieses, d. h. der Bezug zum Seyn selbst als Ansatz für den Hinweis auf den Wesensursprung jener »Struktur« genommen werden. Dieser Bezug aber ist ereignet aus dem Seyn als Ereignis. Aus der Inständigkeit des Da-seins gibt es keine Möglichkeit mehr, überhaupt noch von »Zirkel« zu reden und sich dagegen in Sicherheit zu bringen, gleich als sei er doch noch ein versteckter »logischer« »Fehler«.

sich des Scheins entschlagen, als vermöchten zusammengetragene »Stellen« durch größtmögliche Anhäufung wechselweise sich schließlich doch zu »erklären«, wo zuvor gar nichts geklärt ist und unbestimmt gelassen, aus welchem Bereich das Wort spricht und zu hören sei.

Statt dessen die Willkür auf sich nehmen, in wiederholten Gängen, scheinbar aus zufälligem »heutigen« und »persönlichen« Meinen, immer entwerfender und sich loswerfender in das Seyn, das Wort als vernehmliches in sich zurückzustellen und jedes Gedicht ganz in sein eigenes Schwergewicht zu verlegen.

Unterscheiden: die Wahrheit einer Auslegung (geschichtlich)
und die Richtigkeit einer Erklärung (historisch).

Die Richtigkeit *kann* eine erste Anweisung auf die Wahrheit sein, wenn sie selbst dem Vorblick in die Wahrheit entstammt und d. h. vom Wort des einzig zu Sagenden gestimmt ist. Das wesentlich Geschichtliche (dem Seyn als Er-eignis Entstammende) läßt sich nie historisch sagen – *deshalb* sind alle Berufungen auf das Gegenwärtige eitel. Allein das Geschichtliche als das Kommende erscheint auch stets als phantastisches Spiel und bestenfalls als eine Meinung Einzelner.

135. Deutsamkeit der Dichtung und Vieldeutigkeit der Auslegung

Die Dichtung Hölderlins ist in ihrem Sagen solcher Art deutend, daß ihr Wort im eigenen Sagebereich je verschiedene Gegenden und Bezirke öffnet und verschließt, anzeigt und verschweigt. Dieses der Dichtung selbst eigene Deuten (daß sie in sich deutsam ist), hält ein eigenes Gefüge der Wahrheit der Dichtung verschlossen. Keine Darlegung vermag dieses auszusagen in Bericht und Wiedergabe. Auch weiß der Dichter selbst nicht den ganzen

Sagebereich; dieses Nichtwissen ist nicht Zeichen eines Mangels, sondern bedeutet die Wesentlichkeit seines Wortes, daß dies in sich stark genug ist, eine eigene Geschichte der Eröffnung der von ihm genannten Verborgenheit zu tragen. Die Deutsamkeit der Dichtung darf keineswegs als Folge der verschiedenen Auslegungen gedacht werden. Deren Verschiedenheit ist umgekehrt bedingt durch die Deutsamkeit. Aber nicht allein und zumeist überhaupt nicht durch diese. Die Vieldeutigkeit der Auslegung entstammt der möglichen Mannigfaltigkeit der meist fremden Hinsichten der Auffassung und Erklärung, die der Dichtung angetragen werden. Dadurch erwächst eine Geschäftigkeit des Auslegens; gemäß dieser ist es in sich viel-deutig: auf unterschiedliche und sich bekämpfende Erklärungen erpicht, was alles sich außerhalb des Wahrheitsbereiches der Dichtung abspielen kann. Meist geht die Vieldeutigkeit der Auslegung an der Deutsamkeit der Dichtung vorbei –; diese ist in sich einzig, fordert die Sammlung auf das Eine wesentliche Wort und entzieht sich den Umtrieben des Erklärens.

Der vor-denkende Dienst des bildlosen Wortes im Denken –

B. Der Dichter (Hölderlin) im anderen Anfang
(vgl. der erste Anfang)
Dichten und Denken

136. Das Vordenken in den Anfang

In allem Anfänglichen, weil es ab-gründend in sich zurück- und stimmend über sich hinweg geht und so alles schon aus-getragen hat, wenngleich verborgen und verbergend, begibt es sich leicht, daß, wer in seinem Umkreis zu denken und zu dichten hat, in dem sich versieht, was ihm schon übereignet und zugewiesenes, aber noch unbehaltenes Eigentum ist.

Das Wegirren in das Nachkommende oder in das in anderer Geschichte schon Vergangene überfällt jeden Versuch im Anfänglichen.

Insgleichen versteift er sich, weil er im Anfänglichen seinen Gang nimmt, leicht auf den Eigensinn, das Ergangene sei das »Erste«, aus dem sich die »Ermöglichung« von allem verrechnen lasse.

Jedesmal treibt es in die Verkennung, daß der Anfang in sich selbst sein Wesen anfängt und daher niemals wie ein starrer »Ausgangspunkt« gesetzt sein darf, in dem dann der Fortgang beruht und den er scheinbar bestätigt, wo doch nur das Aufhören und die Entfremdung zum Anfang betrieben wird unter dem Schein, der auf den Besitz des Ursprünglichen pocht. Selten ist daher das Vordenken in den Anfang stets (d.h. jedesmal ungewohnt) anfänglich.

137. Wohin?
Denken und Dichten

führt der Gang des seynsgeschichtlichen Denkens in seiner ersten Notwendigkeit? An den Rand einer Kluft, deren steiler Abfall sich als das »Ende« der Metaphysik auftut, deren brückenlose Weite hinüberzeigt zum Gipfel des anderen Anfangs der Gründung der Wahrheit des Seyns.

Das seynsgeschichtliche Denken übernimmt die Vorbereitung der Anfänglichkeit des anderen Anfangs; es ist der Absprung in diesen. Solches Denken bereitet ein Dichten vor, das in Hölderlins Hymnen schon geschehen ist, d.h. echt anfänglich west. Aber diese Dichtung ist, weil sie die Metaphysik hinter sich gelassen hat, nicht mehr »Kunst«. Für die Auslegung dieser Dichtung verliert alle »Aesthetik« das Gewicht und jede Deutung auf einen »metaphysischen Sinn« versagt.

Woher entspringt und wo hat ihren eigenen Wesensanfang[a] die Auslegung des Dichtertums Hölderlins und das Wissen von seiner geschichtlichen Anfänglichkeit?

Aus dem Wissen der Geschichte des Seyns!

Und dieses Wissen entspringt der Er-fahrung der Überwindung der Metaphysik als eines geschichtlichen Augenblicks der Seinsgeschichte (»Sein und Zeit«).

Diese Überwindung selbst *ist* in der denkerischen Vorbereitung der Verantwortung des Anspruchs des Seyns.

Dieser Anspruch öffnet sich als die Seinsverlassenheit des Seienden (Beiträge[1] und Besinnung[2]).

Und die Seinsverlassenheit erscheint in der Vollendung der Metaphysik als der Wahrheit des Seienden (Nietzscheaufsatz[3]).

Die Seiendheit als Wille zur Macht enthüllt sich dem seynsgeschichtlichen Wissen als die Machenschaft.

[a] vgl. Anfang und Anspruch.

[1] Beiträge zur Philosophie (Vom Ereignis). Gesamtausgabe Band 65.

[2] Besinnung. Gesamtausgabe Band 66.

[3] Der erwähnte Aufsatz konnte im Nachlaß bisher nicht ermittelt werden.

138. Das Heilige und das Seyn

Beide nennen das Selbe und doch nicht das Selbe.

Einig sind die Namen darin, daß sie kundtun, was *vor* den Göttern und den Menschen waltet (heilt) und west; vor ihnen und über sie hinweg, ohne doch je ihre »Ursache« zu sein und der »Grund« in irgend einem Sinne des herstellenden Bedingens. Daher muß ihnen auch die Bestimmung des »Absoluten« abgesprochen werden. Vielleicht ist jede über-hebende Benennung ungemäß (das »Höchste« und »Erste«). Dennoch nennen wir sie den Anfang; aber der Anfang der Ent-scheidung dergestalt, daß der Anfang sich als das lichtende Inzwischen der Ent-scheidung, als der Austrag jeglicher Übereignung der Götter in die Gottschaft, der Menschen in das Menschentum, der Erde und der Welt zu ihrer Wesung in der Schwebe hält.

Das Heilige und das Seyn sind – erfahren und vor-gedacht – die Namen des anderen Anfangs. Sie lassen sich nicht zurückverlegen in die Geschichte der Metaphysik, auch nicht in den *ersten* Anfang (φύσις), der aller Philo-sophie voraufgeht. Das Heilige und das Seyn nennen die eigenste Geschichte des anderen Anfangs.

Hölderlins Wort entspringt, da er zuletzt den Anfang gefunden (das, was in »Wie wenn am Feiertage ...« und noch eine Zeitlang die »Natur« heißt und dann das »Heilige« und dann überhaupt nur mittelbar genannt wird), dem, was vordenkend in der Geschichte des Seins als das Er-eignis ersagt werden muß und als das Inzwischen gedacht wird, aus dessen Zeit-Raum alles Seiende und sein Grundgefüge zum Austrag kommt. Hölderlin aber denkt nicht, gar noch im entfalteten Begriff, dieses Inzwischen. Die Ahnung des Heiligen erfährt die Verlassenheit der »Erde« von der »Welt« und die Ferne der Götter und die Irre des Menschen. Aber diese Verlassenheit wird nicht als die Verlassenheit des Seienden vom Seyn erkannt, und das Seyn nicht als das Loslassende und Loslassung nicht als Verweigerung gedacht. Deshalb jedoch umlauert Hölderlins Hymnendichtung eine Gefahr, die alles übliche und noch zu erwartende Vernutzen seines Wortes in die Tagesrechnung wesentlich übertrifft: daß das rühmende Wort metaphysisch gedeutet und deshalb in der Folge mit der Hilfe der Dichtungen Rilkes in einen Bezirk untergebracht wird, den Hölderlins Wort nie aufsuchen kann, weil es ihn von Grund aus überwunden hat. Weil man aber ein Ungewöhnliches spürt und eine ungesagte Tiefe ahnt, glaubt man am ehesten bei der Metaphysik (Schelling-Hegel) eine Hilfe zu finden. – Zugleich aber ist es voreilig, Hölderlins Dichtung in die Geschichte des Seyns zurückzudenken.

139. Zur Auslegung der Hymnen

Sollte diese Auslegung, das Erdenken des Seyns im Nach-denken des Gedichteten, d.h. des Heiligen, ein Irrtum bleiben, dann müßte auch Hölderlin in die Metaphysik eingerechnet werden. Dann wäre der andere Anfang, die Wesung des Seyns selbst ohne Vorbereitung rein aus der Anfängnis zu erdenken. Dann wäre der Übergang noch abgründiger, und das Ende der Metaphysik wohl dauerfähiger und das Ahnen des Seyns nur in der Unbeholfenheit des Begriffs zu leisten.

Sollte also die Auslegung ein Irrtum sein – welcher Denkende muß nicht auf dieses »Sollte« achten und die stete Möglichkeit eines völligen Irrens in seiner Nähe haben?

Daher ist überall in dieser Auslegung der Hymnen, wie entschieden sie auch aussehen mag, keine Anmaßung einer unbedingten Richtigkeit, wenn überhaupt an eine »Richtigkeit« je gedacht werden dürfte, da solches für eine Auslegung unschicklich ist.

140. Hölderlin
Das »ewige Herz« – »fest bleibend«

Dieses müssen Künftige erfahren als die Innigkeit des Anfangs in seiner anderen Anfänglichkeit. Und dabei ist zu wissen von dem anfänglichen und deshalb auch verborgenen, historisch unzugänglichen Bezug zwischen dem »ewigen Herz« und dem ἀτρεμὲς ἦτορ Ἀληθείης εὐκυκλέος, das *Parmenides* nennt. Die Ἀλήθεια ist das Wesen der φύσις selbst.

Doch all dies wäre zu früh gesagt, wenn nicht erst zuvor die Besinnung in das Anfängliche gewiesen wird. All dieses Erinnern liegt außerhalb des historischen Vergleichens, das sich hier gern auf das Erwiesene stürzen möchte.

141. Dichter und Denker

Nur die anfänglichen Denker, nicht aber die »Philosophen« (Metaphysiker) stehen im wesentlichen, jedoch nie gleichartigen Bezug zum Dichter.

Wir könnten vermuten, die Denker im ersten Anfang hätten den *Homer* hinter sich gehabt als den, der über sie hinweg ihnen voraus dichtete. Und so sei den künftigen Denkern des anderen Anfangs *Hölderlin* »der« Dichter.

Allein jetzt ist der Augenblick der Geschichte des Seyns ein anderer. Die Vollendung der Metaphysik hat den ersten Anfang unzugänglich gemacht und die Seinsfrage sogar in die Wertfrage verkehrt, so daß nicht einmal die erstanfängliche Seinsfrage in die echte Erinnerung zu kommen vermag.

Hölderlin kann nicht der vorausstiftende Dichter sein, er ist dies erst und nur, wenn im anderen Anfang die Denker aus ursprünglicher Gründung der Seinsfrage als der Frage nach der Wahrheit des Seyns diesem einzigen, wohl in den anderen Anfang vorausbestimmten Dichter das bislang Unvordenkliche *vor-denken* und seiner Dichtung erst den Zeit-Raum öffnen. Sonst bleibt sein Wort unhörbar.

Wenn Hölderlin der Dichter des anderen Anfangs ist, dann gerade kann seine Erfahrnis des »Wahren« niemals identisch sein mit der Erfahrnis der vordenkenden Denker.

Der Dichter dichtet das Sein; das sagt, er weiß es nicht und erfragt es nicht und würdigt es nicht als das Seyn, sondern nennt das Heilige und nennt damit den geschichtlichen Entscheidungsbereich in seinem eigenen dichterischen Wesen. Niemals läßt sich aus einer Dichtung ein Denken herauslösen und in Begriffe umformen. Nie aber auch erreicht das Denken das Gedichtete in seinem Wortwesen und seiner eigenen Geschichtlichkeit. Denken kann hier nur ein Anlaß werden, um eine Helle in die Dichtung zu bringen, die diese dann eigens und stets nur aus sich selbst verschenken muß.

142. Denken und Dichten

Meint man, die Philosophie müsse doch »irgendwoher« ihr Gesagtes nehmen, dann gibt man ihr eine Unterkunft beim »Mythos«, bei der »Religion«, bei der »Dichtung« und bei ihrer eigenen »Geschichte«. Dieses »natürliche« Meinen, das sich zugleich im Vorteil weiß, die »Philosophie« in die »Kultur« hineinzustellen, statt eine wesenlose »Philosophie an sich« zu betreiben, ist aber doch, ehe es begonnen, zu meinen, dem Irrtum verfallen. Dieser wird nicht geringer, sondern nur endgültiger durch die Meinung, die »Kultur« selbst und ihre Erscheinungen sei Ausdruck »des Lebens« und dieses finde die maßgebende Prägung seiner Lebendigkeit und Wirklichkeit im »Politischen«.

Überall hat man hinsichtlich der »Philosophie« schon auf deren Wesen und Wesensaneignung *verzichtet.* Man hat unterlassen, das Wesen der Philosophie zu wissen als Denken des Seins, welches Denken auch, wo es nur Metaphysik ist, stets dem Sein selbst entspringt und der je geschichtlichen Art, wie die Wahrheit des Seins west.

Die Philosophie »ist« nur »Philosophie« als die Er-eignung des Seins ins bildlos wissende Wort durch das Seyn.

[Hierbei wird »Philosophie« als Name erweitert über den diesem Titel allein zustehenden Bereich der Metaphysik (Platon – Nietzsche) hinaus].

Das Denken hat als Denken des Seyns die einzige Unterkunft in seiner Zugehörigkeit zum Sein, welche Zugehörigkeit je seinsgeschichtlich als Wesung des Seins sich ereignet. Die Denker müssen dieser Geschichte inne werden; und dieses allein, ob sie solches vermögen und wie sie es verwahren, entscheidet über ihr denkerisches Wesen. Alles Übrige aber gilt gleichwenig, ob man »die Philosophie«, d.h. dann die Philosophiegelehrsamkeit anlehnt an die Dichtung oder an »das Politische« oder – an die Historie der Philosophie. Zwar könnte man meinen, aus Kant z.B. müßte doch die Auskunft zu »holen« sein über die Philosophie und ihre Aufgabe oder gar ihr schon fertiges »Werk«. Aber die Flucht in eine solche Auskunftei müßte doch zuerst entschieden haben, ob sie denn nun auch in Kants Schriften das findet und faßt, was das Denken dieses Denkers erfüllt. Dazu ist nötig die Entscheidung über das, was diesem Denken als das Zu-denkende aufgegeben.

Dieses Zudenkende wiederum muß doch in seiner Notwendigkeit sich enthüllen, und der Grund dieser Notwendigkeit und das Wesen dieses Grundes muß ins Wissen kommen. Sonst ist die Zuflucht in die Auskunftei der Philosophiehistorie jedesmal nur eine Spiegelfechterei, dies auch dann, wenn sie durch unantastbare Namen (Platon, Kant, Heraklit, Hegel) verschleiert wird. Mag auch die Parteinahme für einen Denker mit viel Getöse und mit viel Verurteilung der übrigen unternommen sein, dies alles vermehrt nur den Stoff des Betriebes einer Philosophiegelehrsamkeit, die sich auf irgendwelchen Schleichwegen dann noch eine Zeitgemäßheit verschafft.

Die Zuflucht zu den Dichtern unterscheidet sich nicht von anderen Versuchen, die »Philosophie« »konkret« zu machen.

Aber es könnte einmal sein, daß aus dem Wesen des Seyns

selbst die Not käme in die Seynsgeschichte, an einen Dichter, nicht an einen beliebigen, zu erinnern. Wenn das nötig wäre, müßte erst recht das Denken zuvor seine Anfänglichkeit erlangt haben, um so erst das Wort des Dichters in sein eigenes Wesen zurückzustellen und es so vor jedem Mißbrauch durch »Philosophie« zu bewahren. Einmal könnte es sein, daß zur Aussprache des Wortes des Seins eine Zwiesprache zwischen einem Dichten und Denken zur Not würde. Dann nämlich, wenn das Denken sich in den Wesensanfang zurückfände und die Seinsfrage anfänglich und d.h. je anfänglicher fragen müßte. Dann nämlich, wenn ein Dichter in seinem Wort einst nur das Vorwort zur Wahrheit des Seins hätte sagen müssen, weil das Seiende verlassen war vom Sein und in sich selbst in seinem Seiendsten, den Göttern, flüchtig geworden.

Einmal könnte es sein, daß ein Ernst wäre mit der Auseinandersetzung von Denken und Dichten, daß ein Denken vordenken müßte einem Dichten, damit dieses Dichten erst vordichtete einem Denken, das einst das Äußerste zu denken wagte und darin eine Sage und ein Wort anfinge.

Einmal könnte dies sein, daß historische Titel wie »Philosophie« und »Kunst« nicht mehr zureichten, um das zu nennen, dem ein Menschentum überantwortet ist, dem die Bestimmung obliegt, das Wort des Seyns zu sagen, damit einmal wieder eine Würde sei im Sein und eine Ehrfurcht im Menschen.

143. Der Anspruch einer Auslegung

kann nie so »weit« gehen, eine eindeutige Gewißheit über den »Sinn« zu erzielen; denn nicht gilt es, einen »Sinn« zu fassen, sondern im Wort den Bezug zum Seyn zu erlangen. Dies sagt: in jene Bereitschaft zu kommen, in der das Wort anspricht als Wort des Seyns.

Die Wahrheit einer Auslegung ist dann wesentlich, wenn sie *Möglichkeiten* der Übereignung in das Seyn vorbereitet. Dieses

Mögliche freilich kann nicht die Art des unbestimmt Beliebigen haben, darin *jede* Meinung gleich viel gilt. Das Mögliche umschreibt einzige Möglichkeiten, die unter sich durch die Notwendigkeit einer Entscheidung gebunden und so gleich verbindlich sind für Jene, die *hören* wollen und nicht auf eine Umgehung alles Besinnens und Denkens rechnen. Die höheren Möglichkeiten der Wahrheit eines Dichtens und Denkens gehören zum Wesen wesentlichen Sagens, das je als Wesentliches von seinen eigenen Ursprüngen übertroffen und unerschöpflich ist und dies alles selbst nie eigens und ausdrücklich bewältigen kann. Auf *diesen* »Gehalt« einer Dichtung geht die Auslegung.

C. Hölderlin-Auslegung

144. Zur Auslegung Hölderlins

Jedesmal ist je jedes Gedicht in das Einzige, als eine Sage des Heiligen zu deuten.

Nie aber dürfen nach der Unart der Historie alle vorhandenen Gedichte in die Breite eines Zusammenhangs aneinander gerückt, auf einen Grundgehalt abgezapft und so vernichtet werden zugunsten von Lehrmeinungen und Ansichten, die man dann dem Dichter zuschreibt.

Je jedes Gedicht sagt alles und dennoch genügt keines. Weil keines das Unmittelbare zu fassen, d. h. unmittelbar zu sein vermag.

Nichts, was ein Seiendes ist, ist unmittelbar zum Unmittelbaren. Aber die Vermittelung selbst wiederum ist nie unmittelbar, d. h. absolut zu vollziehen (wie im Denken Hegels und Schellings), sondern je eine *Dichtung* –

Es sei denn, daß alles Denken sich wandle und nicht mehr aus dem Seienden denke.

Aber auch dann – dann gilt Mittelung und Unmittelbares nicht mehr.

145. Die »Auslegung«

ist kein Angleichen der Dichtung an die vorhandene »Geschäftigkeit«, der alles bekannt sein muß.

Die Auslegung zerstört das Überwuchern des übereilten Meinens, das sich für den einzigen Maßstab der Wahrheit hält.

Die Auslegung stellt das Verstehenwollen vor das Befremdliche. Sie bereitet eine Bereitschaft vor, von diesem Befremdlichen sich übereignen zu lassen in dessen verborgene Wahrheit.

Die Auslegung zwingt die Allzuverständigen vor das ihnen unverständliche Beständige.

146. Die Auslegung der Hymnen Hölderlins

muß *unmittelbar* Jenes zu treffen suchen, wodurch sie selbst vom Befremdlichen betroffen und so gezwungen wird, zur Verschließung des Wortes zu werden.

Nur wenn die Auslegung in sich »schwer« wird und das Wort als scheinbar kaum verständlich »erscheinen« läßt, nur wenn diese Schwierigkeit aus der Leichtigkeit der einfachen und klaren »Beherrschung« der Darstellung entspringt, ist sie eine gemäße und d. h. dem Wort entfernt zugehörige und ins Hören lenkende.

Diese Auslegung hat *mittelbar* die Aufgabe, den Dichter und seine Stiftung gegen das »Volk« und vor dem »Volk« in den Schutz zu nehmen.

Hölderlin ist jener deutsche Dichter, der niemals »populär« werden darf. Vielleicht dient dem gar am ehesten ein »Volks-Hölderlin«, durch welches Gebilde eine Maske gefertigt wird, die den Einzigen und Verborgenen vor aller Gemeinheit bewahrt.

Alles Allgemeine ist »gemein«.

Gut ist, daß für diesen Volks-Hölderlin allenthalben mit Erfolg die »Berufenen« an der »Arbeit« sind. Und daher darf auch nicht die Bemühung aufkommen, dieses Treiben zu stören oder auch nur in seiner Maskenhaftigkeit bloßzustellen. Es soll seine ihm gemäße Ungestörtheit behalten.

147. Die Auslegung als Zu-sage

Eine Auslegung ist dann vollkommen, wenn sie dem Gedicht selbst sein eigenes Wort als das einzige zu-sagt und alles Auslegen und damit sich selbst überflüssig gemacht hat.

Für diese Zu-sage aber ist nötig, dem dichtenden Wort seinen eigenen, von ihm erwesten Bereich zu lassen.

Diese zu-sagende Über-lassung jedoch verlangt die höchste Anstrengung der Auseinandersetzung.

148. Auslegung
Aus-sagen das Sagen und die Sage

Die *Dichtung* auslegen (deuten) heißt nicht ihre wesenhafte Mehrdeutigkeit eindeutig machen und auf ein einziges Geleise bringen, sondern die Mehrdeutigkeit in ihrer eigenen Gesetzlichkeit und Fügung verstehen; genauer: das mehrdeutige Wort voll hören lernen und so der eigentümlichen Unerschöpflichkeit des Wortes teilhaftig werden.

Woher entspringt die gezügelte Mehrdeutigkeit?

Weil das Sein gesagt wird.

Dieses aber ist das Einfache.

*

Die Dichtung läßt sich nicht nach einem Inhalt ausrechnen und in einer Abrechnung zusammenfassen.

Die Dichtung hat überhaupt keinen »Inhalt«.

Dies alles sagt keineswegs, das Verstehen sei dem »Gefühl« überlassen; im Gegenteil: es gilt ein Wissen.

149. Hölderlin der Dichter des Dichters

Was sagt denn, wenn die (künftigen) Dichter sind die Stifter (schenkende Entwerfer des Seins), der Hinweis darauf, daß Hölderlin der Dichter des Dichters sei?

Daß er in einem anfänglichen weit voraus denkenden Sinne selbst das Sein stiftet.

Und *dieses* zu sagen, ist der Wille seines Wesens.

Dichter vom Wesen der Dichtung her. Dichtung als das Wort des Heiligen.

Dieses Wesen der Dichtung einmalig – nicht in das Frühere zurückzudeuten, auch nicht dem Künftigen als Wesensbild vorzuhalten.

Vielleicht das letzte Wesen der Dichtung.
Vielleicht die Überwindung aller »Kunst«.

150. Hölderlin

Daß Hölderlins Wort noch unerfahrbar und noch nicht als die Stimme des Seyns selbst wißbar – woran liegt dies?

Daß dieses Wort den anderen Anfang der Geschichte des Seyns vorbereitet, und daß zugleich dieser andere Anfang durch die Überwindung der Metaphysik zuvor im Denken entschieden werden muß.

Daß dieses Mal das Denken dem Dichten voraufgeht. Hier gilt einzig und einmal, was Hölderlin selbst vorausgesagt:
»Wer das Tiefste gedacht, liebt das Lebendigste ...«
(Sokrates und Alkibiades III, 16)[1]

Dies aber ist das All-lebendige, das Heilige.

151. Auslegung (der »Zirkel«)

Alle Auslegung bewegt sich im Zirkel.

Das Erkennen des Ganzen muß ausgehen vom Einzelnen und dessen Sicherstellung. Das Einzelne kann aber nur bestimmt und überhaupt erkannt werden aus dem Ganzen. Das Eine durch das Andere und das Andere durch das Eine –; dieser Kreis aber ist nur Kreis aus einer Mitte.

In diese gilt es zuvor zu springen – aus ihr allein ist zumal das Ganze und das Einzelne und ihr wechselweiser Bezug wißbar.

Wie aber und woher dann der Sprung in die Mitte? (z. B. der Dichtung Hölderlins?)

[1] F. Hölderlin, Sämtliche Werke. Begonnen durch N. v. Hellingrath, fortgeführt durch F. Seebass und L. v. Pigenot. Band III: Gedichte – Empedokles – Philosophische Fragmente – Briefe (1798–1800). Besorgt durch L. v. Pigenot. Berlin 1922, S. 16.

Aus dem Denken, das anfänglich denkt und aus der Seinsfrage her – sie anfänglicher fragend – sogleich *außerhalb* der Metaphysik steht.

So vermag das Denken von dem zu wissen, was Hölderlin anderes vorausahnt.

*

Derer, die hören können, sind wenige. Keiner kennt ihre Zahl. Auch ist die Zahl gleichgültig. Und sie selbst kennen sich nicht. Einzig ist alles auf diese Einzelnen und ihre Zugehörigkeit zum Wort gestellt.

Dessen Stille ist die Stätte, wo es »sich wendet«.

Die Auslegung muß auf das Befremdende treffen und kann nur schwer sein und wie eine Verschließung.

Wo es sich wendet in der Stille zum Anfang, da kann schon ein Geringes alles verstimmen und den Laut des Wortes stören.

Schwer sind diese Verstimmungen des Seyns zu erkennen. Und solange sie unerkannt bleiben, verschließt sich die Stille des Wortes ganz im Ungehörten. Das Seiende ist versagt und der Mensch ist ohne Brot und Wein.

»Von wegen geringer Dinge
Verstimmt wie vom Schnee war
Die Glocke, womit
Man läutet zum Abendessen.«

Entwurf zu Kolomb IV, 2, 395[1]

[1] F. Hölderlin, Sämtliche Werke. Begonnen durch N. v. Hellingrath, fortgeführt durch F. Seebass und L. v. Pigenot. Band IV: Gedichte (1800–1806). Besorgt durch N. v. Hellingrath. Berlin 1923^2, S. 395.

V. DIE SEYNSGESCHICHTE

(Vgl. Aus der Geschichte des Seyns II. Entwurf, Abschnitt II)[1]

[1] In: »Nietzsche«. Gesamtausgabe Band 6.2, S. 363–416.

152. Die Seynsgeschichte

Was geschieht in der Geschichte des Seyns? Mit dieser Frage setzen wir schon den Unterschied zwischen einem Geschehen und dem, was geschieht. Und nach dem »Was« des Geschehens fragend, fahnden wir nach einem Seienden des Seyns. Wir fragen schon nicht mehr nach der Geschichte des Seyns, die das Seyn selbst ist als Geschichte.

Das Geschehen dieser Geschichte ist das Einzige, was »in« ihr und d. h. als sie selbst geschieht. »Was« also geschieht? Nichts geschieht. Und deshalb ist die Seynsgeschichte dem historischen Bemühen stets unbekannt und unzugänglich. Nichts geschieht. Aber das Nichts ist das Seyn. Nichts geschieht: das Ereignis er-eignet.

Eigentum ist. Der Anfang fängt an und bleibt in der Anfängnis. An-fangend nimmt er den Abschied an sich und trägt so die Lichtung in ihre einfache Offenheit aus, die im Nichts ihre punktlose Mitte hat. Der Anfang ereignet das Wesen der Wahrheit und ist so die in ihren eigenen Abgrund ragende und aus ihm steigende Wesung des Seyns selbst. Der Anfang ist die Würde.

Was geschieht in der Geschichte des Seyns? Mit dieser Frage halten wir uns schon in dem Unterschied auf, der ein Geschehendes von seinem Geschehen unterscheidet. Nach dem fragend, was geschieht, meinen wir ein Seiendes, auch wenn wir es ein »Werdendes« nennen und nur auf sein Entstehen, Vorgehen und Vergehen achten. Wir fragen nach dem Seienden eines Seins, wir fragen nicht nach dem Geschehen dergestalt, daß dieses selbst und allein das Geschehende ist. Fragen wir, was geschieht »in« der Geschichte des Seyns, dann fragen wir entweder noch nicht oder nicht mehr nach der »Geschichte des Seyns«, welcher Name je meint, daß das Seyn in sich die Geschichte ist. Und wenn wir doch die Frage in solcher Form festhalten: was geschieht? dann wird uns zur Antwort: Nichts geschieht. »Nichts«: keine Begebenheiten, keine Umstände, keine »zeitgeschichtlichen Bedingungen«, in die man gern eine »Geschichte« hineinstellt im Glauben, sie dadurch an sich und wahrhaft zu fassen. Deshalb ist auch und bleibt jederzeit die Seynsgeschichte dem historischen Bemühen stets unbekannt und unzugänglich. Nichts geschieht in der Geschichte des Seyns. Aber das Nichts ist das Seyn.

Nichts geschieht. Das Ereignis ereignet. Die Er-eignung nimmt an sich, was sie zumal als ihr Eigenes lichtet: die Lichtung selbst, die das Eigentum ist des Seyns. Eigentum ist als der Anfang. Anfangend nimmt er sein Eigenstes, den Abschied, an sich und trägt so aus in ihre eigene Offenheit die Lichtung, die im Nichts ihre punktlose Mitte hat. Der Anfang ereignet das Wesen der Wahrheit, die, weil zum Grunde des Wahren bestimmt, selbst nicht auf einen Grund sich stützen kann und aus dieser einfachen Fülle ihres Wesens des Grundes sich begeben hat und anfänglich der Ab-grund ist.

Der Anfang ist so die in ihren eigenen Abgrund ragende und aus ihm steigende Wesung des Seins selbst. Der Anfang aber ist die Würde. Die Würde ist das einfache Sichgenügen des Anfangs, dem Abkehr und Angleichung versagt sind, weil er Verbergung und Verschenkung zumal ist und jedem Seienden abgründig fern und dennoch dessen Wesenslichtung. Die Würde wirkt nicht am Seienden und verschafft sich nie aus Wirkungen erst ihre eigene Rechtfertigung. Die Würde übergeht alles Seiende und dessen Möglichkeiten, weil sie jegliches Seiende in sein Maß erstehen läßt und ihm so aber auch den Fortriß in das Unmaß überlassen muß.

Die Würde selbst, nicht ein Würdiges und Gewürdigtes, ist das Edle selbst, dessen Edeltum in der Einzigkeit des Anfangs ruht und doch niemals die ihm allein gehörige Seltenheit als Zeichen seines Ranges darbietet. Die Würde ist in ihrem Edeltum zeichenlos und die Stätte der Armut, in deren entbehrungsloses Walten alle Ruhe und jedes Schwingen, alle Weite und jede Nähe eingefaltet und gesammelt bleiben.

Die anfänglich ausgeruhte Sammlung, die nicht aus einem Zusammen entsteht, sondern aus dem Anfang eingefaltet ihr Wesen zu eigen hat, ist die Befreiung in die Lichtung, als welche das

Ereignis sich ereignet. Diese Befreiung ist das anfängliche Wesen der Freiheit. Ihr Wesen verbirgt sich in der Verbergung selbst, in der die Entbergung einbehalten und die Ab-gründigkeit des Anfangs in den Schleier gehüllt wird.

Das Grelle der Durchsichtigkeit, die in allem Seienden als das wahre Sein zu liegen scheint, verdunkelt den einfachen Glanz des Anfangs. Das Seyn als Ereignis hat sich noch nicht seine Wesenslichtung ereignet. Das Seyn bleibt unkennbar und schickt nur das Gespenst des Seins, das als das Abstrakte der Verächtlichkeit preisgegeben ist, ins Öffentliche. Dies ist der undurchdringliche Schutzwall, weil das Würdelose niemals die Würde anzutasten vermag.

153. Die Seinsgeschichte

ist das Wesen der Geschichte. Aber in dieser anfänglichen und nur anfänglichen Geschichte geschieht nichts; das Geschehende ist schon Seiendes. Die Geschichte des Seins ist selbst Ereignis und alles in ihr ereignishaft.

Sie kann nicht und soll auch nie dargestellt werden. Immer gilt nur die Hinweisung in sie als ein Versuch der Bereitung der Wendung vom Menschsein zum Da-sein.

Das Er-eignis aber ereignet sich als Anfängnis; und diese ist in ihrem äußersten An-fangen das An-sich-nehmen des Untergangs – die Verbergung in den Abschied.

Nur in der Seinsgeschichte gewährt das Sein die Stätte der Inständigkeit, für die der Anfang sich lichtet.

Wie aber soll die Seinsgeschichte erfahren werden? Schließt diese Erfahrung nicht die Verfänglichkeit alles historischen Rechnens ein, sofern doch überhaupt Kenntnisse nötig sind? Oder läßt sich das Sein selbst doch erdenken ohne alles historische Beiwerk? Muß das nicht zu leisten sein, wenn anders das Sein den Wesensbezug zum geschichtlichen Menschen hat? (vgl. S.S. 41[1] Die Leit-

[1] Grundbegriffe. Gesamtausgabe Band 51.

worte vom Seyn). Dann kann die Historie verworfen werden durch die Erinnerung in das Walten des Seins als Seiendheit. Allerdings müssen dann auch alle »Denk«-gewöhnungen der Historie daran gegeben werden. Das erinnernde-vordenkende Wissen des Seyns ist schon Wendung in das Da-sein, ohne daß dieses als wesendes schon genannt ist.

Die Geschichte des Seins (Entbergung, Verbergung*, Entlassung in den »Schein« und in das Unwesen) läßt sich nicht auf eine Regel bringen. Hier ist kein Verlauf (etwa nach einem Gesetz von der Art des »dialektischen« Dreischrittes). Auch wenn wir historisch Jahrhunderte übersehen, vermögen wir doch nur ein Geringes an Geschichte zu ahnen, da diese nicht in einem Ablauf besteht, sondern im Ereignis und d.h. in der Anfängnis des Anfangs seine Wesensstätte behält. Die Anfängnis selbst ist das »Bleiben« im Sinne der je anfänglicheren Abgründung.

Das Ereignis ist auch kein »Mythos« und kein »Geheimnis« und kein Schicksal, wenn damit das Ursachenhafte eines Seienden historisch gemeint wird, obzwar in der Gegenprägung des Un-berechenbaren.

Die Er-eignung des Da-seins und in ihr verborgener noch die Beanspruchung des Menschenwesens in die Bewahrung der Wahrheit des Seyns bereitet sich in langer Stille vor. Sie fordert aber auch schon von den Vorbereiteten die Großmut, die nie und nirgends auf ein Seiendes sich zurückrettet.

* Entbergung, Verbergung lassen sich von der Metaphysik her leicht mißdeuten als »Erscheinen« und »Verhüllen« im Sinne der Hegelschen Phänomenologie, die alles als Gegenständlichkeit des Gegenstandes für ein Vorstellen des Subjekts begreift.

Entbergung und Verbergung sind nicht auf ein Subjekt zu- sondern vom Auffassen und vom Menschen als animal rationale weg-gerichtet und wesen als Anfängnis; desgleichen der »Schein«. Das Walten des Wesens Wahrheit.

154. Sein »ist« der Anfang und also Geschichte (die Seynsgeschichte)

Aber das Sein ist nicht das Unbedingte, Absolute; noch ist das Sein je das Bedingte durch den Menschen. Bedingnis bleibt dem Sein fremd.

Aber das Sein ist Er-eignis ins Eigene, so daß erst Seiendes zu ihm selbst ersteht und sich für sein Wesen verwenden kann.

Das Er-eignis »schafft« und »macht« nichts und macht sich nicht zu schaffen am »Seienden«. Das Er-eignis er-eignet.

Die Er-eignung hebt das Nichtslose in die Wahrheit.

Das Nichtslose ist Jenes, was jemals als das Seiende sein kann aus dem Er-eignis.

Das Seyn selbst ist dagegen das Nichts-hafte.

Seine Nichtigkeit ist seine Armut und diese Armut ist der Reichtum des Einfachen des Anfangs.

Was aber ist der Fortgang des Seins in die Seiendheit? Was ist die Geschichte des Seins als Metaphysik?

Wenn das Sein als Er-eignis die Er-eignung des Da-seins ist und darin den Bezug zum Menschen wesen läßt und so das Menschenwesen auszeichnet, muß da nicht in der Geschichte des Seins der Bezug von Sein und Mensch sich auftun?

Muß da nicht das Sein selbst sich diesem Bezug überlassen und damit dem Schein, als werde es durch den Menschen erst und menschlicherweise erstellt?

Ist die Seiendheit als ἰδέα nicht der Beginn dieser Loslassung, in der das Sein im Schein und Scheinen sich verbirgt?

Und muß diese Loslassung, gemäß dem anfänglichen Wesen des Seins, nicht auch in den äußersten Schein hinausgehen, indem das Sein sein Un-wesen wesen läßt?

Muß aber auch nicht diese Loslassung ins Unwesen in der Verbergung eine Erprüfung sein des Menschenwesens auf die Anfänglichkeit seines Eingehörens in die Wahrheit des Seins?

Ob der Mensch einfach sein könne zur Inständigkeit im Da-sein?

Muß aber dazu nicht die verborgene Ereignung erst die äußerste Not in den Bezug des Menschen zum Sein legen, da das Menschenwesen nicht unmittelbar dieses Bezugs inne wird, sondern höchstens sich an das »Seiende« und damit an die »Seiendheit« heftet?

Ist die Geschichte des Seins als Metaphysik dann nicht die Er-eignung in der Gestalt der Erprüfung des Menschen auf sein Vermögen zum Da-sein?

Und muß die Not nicht die Not der Notlosigkeit sein, um [eine] anfängliche zu werden?

Und ist der »Schein« nicht der Wesensbesitz des Seins?

155. Die Seynsgeschichte

wird sich nicht zu beliebiger »Zeit« enthüllen, denn sie ereignet die anfängliche Entscheidung zwischen dem Seyn und dem Seienden. Ihre »Zeit« ist jedesmal die einer anfänglichen Entschiedenheit. Weil aber der Anfang wesenhaft Verbergung ist, muß doch für ein mögliches Wissen des Anfangs gerade der fernste Fortgang vom Anfang den Anstoß bringen, der auf die Entscheidung aufmerksam macht. Der fernste Fortgang aber ist die Vollendung der Metaphysik und das, was sich als die Einrichtung dieser Vollendung sogar noch an die Stelle der Metaphysik drängt. Dieses Zeitalter hat sein seynsgeschichtliches Wesen in der äußersten Überlassung an das Seiende, in der Verrückung des Menschenwesens zur einzigen Betreibung des Seienden, in der Verstoßung der Wahrheit des Seienden in die Seinsvergessenheit.

Diese seynsgeschichtliche Zeit ist das Zeitalter der Verworfenheit.

156. Die Verworfenheit des Zeitalters

Verworfenheit ist nicht »moralisch« gemeint. Die »Moral« selbst unterliegt ihr, samt der Metaphysik.

Verwerfung sagt hier, daß das Seyn das Seiende seiner Seiendheit überlassen und das Menschentum aus der Stätte seines Wesens gerückt und in die Betreibung der Selbstherrlichkeit des Menschen verstoßen hat. (Die Verwerfung als Überlassung, Verrückung, Verstoßung).

Die Verworfenheit bekundet sich für den Denkenden darin, daß das Unvermögen des Menschentums sein Wesen angeht und darin besteht, daß ein Menschentum nicht mehr vermag, seine Zugehörigkeit zum Seyn einzugestehen.

Alles was man kennt und was an Denken und Dichten historisch zusammengerafft wird, gilt zum voraus nur als »Ausdruck« eines Menschentums. Die »Philosophie« eines Philosophen ist »Ausdruck« des Menschen, und die Philosophie löst sich in die Psychologie, d. h. die Anthropologie des Menschentums auf.

Die Ratlosigkeit des Denkens, das zum Rechnen geworden ist, kennt keine Grenzen mehr. Weil es aber zum Rechnen gehört, je nur nach Bedarf und auf den Nutzen zu rechnen, ist das Rechnen, scheinbar »logisch«, außerstande, dem Wesenhaften zu folgen und einen Gedanken in seiner Entschiedenheit zu denken.

Man sieht daher auch nicht, was sich zufolge der Verworfenheit und der ihr folgenden Flucht in die »Psychologie« schon entschieden hat:
Wenn alles »Ausdruck« des Menschen ist, – man mache ernst mit diesem »wenn« – dann besteht kein Unterschied zwischen einem Wort des Dichters und der Rotznase eines ungewaschenen Bengels und den sonstigen Ausscheidungen des menschlichen Leibes. Man komme hier nicht mit »aber« und flüchte nicht in Ausreden. Man habe erst den Mut zu dieser Weisheit, daß alles »Ausdruck« sei, und bestimme dann das eigene Tun.

Im Zeitalter der Verworfenheit ist das Wesen des Seins in das Unwesen verschleudert und ist die Machenschaft.

Im Zeitalter der Verworfenheit wird die Lehre vom Menschen zur Lehre von der Welt. Der so angelernte Mensch vermag sein Wesen nicht mehr zu erblicken.

Im Zeitalter der Verworfenheit übernehmen die Blinden die

Entscheidung darüber, wer zu den Sehenden gerechnet werden darf.

Im Zeitalter der Verworfenheit wird die Verwerfung als seynsgeschichtlicher Zufall nie erkannt. Statt dessen muß aber die Metaphysik doch ihre Formeln haben. Man preist sich selbst als den Besitzer einer Metaphysik des »Abenteuers«. »Abenteuer« ist der Name für die Angst vor dem Denken.

Weil aber das Denken wesenhaft das Eingeständnis der Zugehörigkeit zum Seyn ist, und zum Seyn das Nichts gehört als der Ab-grund des Anfangs, und weil vor dem anfänglichen Nichts das Denken in die Stimmung der wesenhaften Angst geworfen wird, ist die Angst vor dem Denken die Angst vor der Angst.

Mit dieser Angst ist die Spitze der Feigheit erreicht, die zugleich die Unwissenheit des Wesenhaften ist.

Die »Metaphysik des Abenteuers« wird zum großen Lärm, der die abgründige Angst vertreiben soll durch die Einrichtung eines Betriebs der Vergessenheit.

In diesen Lärm der Angstvertreibung und des Vergessenmachens muß das Wort der Erinnerung seine Stille legen.

GESCHICHTE UND HISTORIE

(Über *»Geschichte«* vgl. Grundworte; Verzeichnis der Hauptstücke; vgl. über Geschichte Die Geschichte des Seyns, Maschinenabschrift S. 59–69, S. 77[1])

157. Die Erklüftung des Anfangens der Anfänge

Der Durchgang (die Metaphysik).
Der Übergang zwischen dem ersten und dem anderen *Anfang*.
(wohin gehört da die Metaphysik?)
Übergang und Untergang; Untergang und seine Anfänglichkeit.

[1] In: Die Geschichte des Seyns. Gesamtausgabe Band 69, S. 93 u. S. 115.

158. Seinsgeschichte und »Welt«-geschichte

Weil das Sein niemals auf das Seiende wirkt, kann auch die Welt-geschichte, die Begebenheit im Seienden, nie aus der Seinsgeschichte »erklärt« werden. Es ist ein irriges Fragen, wenn die Seinsgeschichte etwa nach der Art der »Geistesgeschichte« von Historikern benutzt werden möchte.

Dieselben Irrtümer entstehen, wenn man findet, daß ja doch die Denker und ihre »Philosophie« »nur« neben und hinter den »Begebenheiten« herlaufen und keinen eigentlichen Einfluß haben. Sie haben in der Tat keinen »Einfluß« nach der Art des historisch gemeinten Wirkens. Irrig ist es, Solches zu erwarten oder aber über das Ausbleiben solcher Zusammenhänge enttäuscht oder auch befriedigt zu sein.

Die »Zeit« des Seins und seiner Geschichte ist eine andere als die Zeit der historischen Chronologie und ihrer Epochen. Deshalb bleibt der Streit der Historiker z.B. über den Beginn der Neuzeit notwendig endlos; d.h. jede historische Erklärung ist in ihrer Weise »richtig«. Von der Möglichkeit der Auswechslung dieser Richtigkeiten aus ergibt sich das, was man den »Fortschritt« der Wissenschaften nennt.

159. Sein und Geschichte

unterscheide:
1. *Die historische Erklärung* – Rückgang aus einem Gegenwärtigen auf Vergangenes, wobei dieses im Lichte eines selbstverständlichen Gegenwärtigen selbst für das Klare genommen wird.
2. *Die weltgeschichtliche Begründung* – wie je eine Grundstellung im Seienden den Grund gibt für die Prägung des Seienden. (z.B. der christliche Gott als höchste und erste Wirklichkeit)
   (z.B. der Mensch als der auf sich gestellte Wirker und Planer).

3. *Die seynsgeschichtliche Ereignung* – hier ist keine »Erklärung« möglich und jede Begründung ungenügend. Hier wesentlich die Erinnerung als Vordenken, das die Inständigkeit im Da-sein vorbereitet.

beachte: wie zunächst (1) und (2) und (3) durcheinanderlaufen und sich verstellen; wie zur ersten Erläuterung oft Scheinwege (1) und (2) gegangen werden müssen, weil Da-sein und Inständigkeit »nur« anfängliche Schenkung.

»*Das Historische*« ist das Festgestellte, Feststellbare und Erklärte.

»*Das Geschichtliche*« läßt sich nicht feststellen; und dies nicht etwa, weil die Erkenntnis unzureichend wäre, sondern weil es in sich kein Feststellbares, kein Seiendes ist, sondern das Seyn.

Das Seyn ist nur im Denken erdacht, aber dieses Er-denken läßt nicht erst das Seyn entstehen, sondern ist ereignetes Erlangen. Und an der Geschichte läßt sich das Seyn erdenken.

»An der Geschichte« – wie aber gelangen wir zu ihr, wenn wir im »Historischen« stecken?

Die »Historie« ist menschliches Verhalten und Haltung. Die »Historie« hängt sich immer an die Begebenheiten, weil sie sich zuvor und nur im Seienden das Kennbare festgemacht hat.

Die Geschichte ist Wesung des Seyns und Ereignis.

160. Die Geschichte

ist der Austrag des Wesens der Wahrheit des Seins. Deshalb ist Geschichte die Wesung des Seins selbst. Weil aber zur Wahrheit gehören die Entbergung und Verbergung, ist jedesmal in der Geschichte ein Offenes und Offenkundiges und Öffentliches, das leicht als das Einzige und Eigentliche der Geschichte erscheinen möchte. Das Andere der Geschichte, ihr Verborgenes, Verhülltes, Verstelltes gilt dann nur als das gerade Unbekannte. In »Wahrheit« aber ist die Verbergung der Grundzug der Geschichte. Vom Offenkundigen her gerechnet, erscheint das Verborgene, wenn es zuweilen beachtet und erfahren wird, als das Unerwartete und aus dem Unberechenbaren Geschickte. Man begnügt sich, wenn es hoch kommt, dieses als Geschick und die Art seines Auftretens als Schicksal hinzunehmen.

Warum aber ist die Verbergung der Grundzug der Geschichte? Weil in ihr die Anfängnis des Anfangs west und der Anfang das Seyn ist.

161. Geschichte

als jeweiliger Anfang, als Entscheidung über das Wesen der Wahrheit.

Also eine Abfolge von Anfängen? Das wäre wieder historisch gedacht und von einem *scheinbaren* Standort *außerhalb* gesehen.

Zwischen den Anfängen *Klüfte*; ihr Ragen in das Selbe; das kein Allgemeines, sondern je das Einzige; aus jedem Anfang je verschieden der Bezug zu den anderen; bisher stehen wir noch im ersten Anfang und wissen kaum etwas von der Anfänglichkeit der Geschichte. Auch nicht eine Folge von Klüften; sondern *alles* jeweilen anfänglich.

Wie ein Anfang endet und zu seinem Ende geht und was diese Zwischen»geschichte« ist, auch das läßt sich je nur aus der Wesensweise des jeweiligen Anfangs erkennen; keine *»Geschichtstheorie«*, sondern Geschichtlichkeit – unsere als Weg in die Anfänglichkeit des anderen Anfangs.

162. Das Wesen der Geschichte
(vgl. Über den »Anfang«)

weder aus Historie, noch überhaupt vom Menschen aus, noch vom Geschehen des Seienden, sondern aus der Wahrheit des Seyns. Warum dieses? Weil hier Er-eignis und weil hier der Wesensanfang für die verhüllte Wesenseinheit dessen, was bisher nur mit Geschichte gemeint worden.

Er-eignis – Wahrheit – Da-sein – Gründung der Wahrheit.

*

Die metaphysischen Bestimmungen der Geschichte:
1. Abfolge von Begebenheiten – chronologisch, Ursache – Wirkung – *technisch.*
2. Das Beständige und sein Wandel – Typik des »Ewigen«, Geistigen.
3. Die *anthropologische* Auffassung der Geschichte.

*

Die Seltenheit der Geschichte.

*

Die *Zugehörigkeit* eines Menschentums in die Geschichte; je verschieden und selbst *geschichtlich.*

*

Im Zeitalter der sich vollendenden Geschichtslosigkeit (Seinsverlassenheit) gewinnt die Historie (und d. h. neuzeitlich die »Technik«, wesenhaft verstanden) die unbedingte Oberhand (»der historische Balkon«).

163. Geschichte und Historie

Warum ist gerade die Historie außerstande, eine Überlieferung zu schaffen?

Was soll Überlieferung heißen? Weitergabe des Voraufgegangenen und so Erhalten und Behalten?

So gedacht für die Überlieferung notwendig zum Verlust der Geschichte; denn so sperrt sie gerade aus von jedem Gang in das Anfängliche.

Überlieferung rechnet stets nur historisch.

Wenn aber Überlieferung Auslieferung würde in die Anfänglichkeit?

Diese Auslieferung aber muß sich ereignen aus dem Seyn und als Seyn und als Wesung der Wahrheit.

Erst dann und nur dann kann sie selbst übernommen, aber auch nur bewahrt werden in einem anfänglichen Denken.

164. Geschichte und Historie

(vgl. Vorlesung 37/38, Maschinenabschrift , S. 40, M. 13 ff.[1]
über historische Erklärung und geschichtliche Besinnung;
das Wesentliche gefaßt, aber doch nicht zureichend und
entschieden entfaltet.)

Sobald man, schon nach der Bedeutung der Worte, in der Geschichte »das Geschehen« und d.h. das Seyn vernimmt, in der Historie aber die »Kunde« hört, ist ein nächster Schritt zu einer wesentlichen Unterscheidung getan; freilich nur ein nächster, nicht einmal ein vorläufiger, der alles zum voraus entscheidet.

Man könnte von der Wortklärung ausgehend dann die Geschichte als den *Gegenstand* der Historie denken und den Gegenstand aus der Vergegenständlichung der Historie entspringen lassen. Nimmt man, so geleitet, die historische Vergegenständ-

[1] Grundfragen der Philosophie. Ausgewählte »Probleme« der »Logik«. Gesamtausgabe Band 45, S. 34 ff.

lichung in ihrer vollen Weite, dann bezieht sie sich nicht allein auf das Vergangene und das Gegenwärtige, sondern auch auf das Zukünftige. Dieses, *auch* dieses, kann historisch errechnet, jedenfalls in die Rechnung gestellt werden; und dann ergibt sich die volle Historie: die Verrechnung der »Zukunft« aus der »Herkunft« und die damit und dafür eingerichtete Betreibung des Gegenwärtigen als Durchgang.

Jetzt ist man mit Hilfe des historischen Rechnens, das als Kunde des Vergangenen aus einer Gegenwart erkundet und damit zugleich auf die Zukunft rechnet, zur Zukunft gelangt und man kann jetzt das scheinbar tiefe Wort nachreden, das Geschichtliche (d. h. immer noch und nur das historisch Errechnete und Vorgerechnete) sei das Zukünftige.

Auf solchem Wege ist die Historie zur Grundform des Erkennens (d. h. des Berechnens) des Seienden geworden. Die Historie bestimmt die Haltung des Erkennens, sie entfaltet sich zum *»Historismus«*, dessen Wesen ja nicht besteht im Aufgehen innerhalb des Vergangenen, sondern in der Schrankenlosigkeit der Historie für das Erkennen, d. h. in der völligen Preisgabe an das *Verrechnen.* Dieses kann freilich vorwiegend rückwärts blicken und auf das Bisherige sich stützen, oder es kann gegenwartsnah und d. h. immer schon auf die »Zukunft« erpicht sein. Das Überwuchern der Historie zum Historismus stammt jedoch nicht aus einer besonderen *Vormacht*stellung der Historie, sondern daher, daß sie gleichen Wesens ist mit der »Technik«, durch *die* erst die Historie aufgefangen und zum Historismus ermächtigt wird.

Die Geschichte ist damit vollständig in die Verklammerung durch die Historie geraten; sie wird in die Gegenständlichkeit der Historie aufgelöst –; ist ein Gemächte der Rechnung, Geschichte wird jetzt »gemacht«.

Die Betonung des Zukünftigen im »Geschichtlichen«, d. h. Historischen kann sich daher die Gestalt geben, als sei *durch sie* erst das Geschichtliche gefaßt, wogegen das »Historische« an dem Vergangenen haften bleibe. Allein auch dieses »Geschichtliche« ist so rein historisch begriffen. Der rechnende Blick auf das Zukünftige, die Einrechnung des Zukünftigen in das Gegenwärtige und die Zurechnung des Vergangenen zum Zukünftigen ist dann nur die Vollendung der Historie in ihr unbedingtes rechnerisches Wesen, das erst auf dem Grunde der »Subjektität« sich entfalten kann. (Alles Gesagte gilt auch von Nietzsches Gedanken über die »Historie« und seine dreifache Unterscheidung).

(Die Überlegungen in den »Beiträgen« und »Besinnung« meinen niemals die Hervorkehrung des zukünftig Seienden gegen das Vergangene, sondern das Seyn als Er-eignis in der Einheit der Wesung der Zeit).

Überall wird hier von der Geschichte als Geschehen und d. h. vom Seyn nichts geahnt. Ja die Macht der Historie dient dazu, die Vergessenheit des Seyns zu stützen und endgültig zu machen; denn was soll über das Zukünftige hinaus noch in Rechnung gestellt werden können? Die Historie gewährt die Allheit des Erkennens.

Aber »Geschehen«, daß Seiendes »eintritt« und sich gibt und begibt, daß Seiendes *ist*, das ist nur aus dem Seyn zu wissen und daraus, wie das Seyn ein »Geschehen« zuläßt und was zuerst und eigentlich geschieht, wenn etwas »eintritt«. Dann ist schon geschehen und *ist* geschehend Jenes, worein je ein Eingang von Seiendem sich ereignet – die Wahrheit des Seyns, das Seyn selbst als Wesung der Wahrheit.

Diese ist die anfängliche und eigentliche Geschichte – sie braucht keine Historie. Geschehen ist Seyn als Anfang und aus Anfang.

165. Inwiefern zum Wesen des geschichtlich Seienden die »Begegnung« gehört

Was meint »Begegnung«? Daß eine andere »Wahrheit« entgegenkommt, die als andere in die Verwandlung nötigt. Wie aber kann »Wahrheit« entgegenkommen?

In-ständigkeit und Aufdrängnis.

Wahrheit – bereits selbst Streit von Welt und Erde. Dieser *Streit* – das Auseinander in das Gegen, um die Einheit des vollen Inzwischen zu erfügen.

Die *scheinbare Verschlossenheit* zum Begegnenden – was bedeutet diese Verdumpfung?

»Begegnung« ist aber oft nur die Form der Verschleierung einer groben Vergegenständlichung der Geschichte durch eine zügellose Historie.

Zeitalter, die in der Geschichte nur die Vorformen ihrer eigenen Eitelkeit entdecken, sind des Nachweises enthoben, daß sie nur noch auf den Sumpfwässern der völlig historisierten Geschichte hin und her treiben und sogar das Recht auf einen geschichtlichen Untergang verwirkt haben.

Wandlungen des »Geschichtsbildes« sind nur Umformungen des historischen Betriebs. Diese bestreiten ihre öffentlichen Umtriebe und kurzlebigen »literarischen« Geltungen aus der Unwissenheit darüber, daß selbst die Historie noch und zwar in ihrem Wesen und Wesensursprung (τέχνη) ein Abkömmling der Geschichte des Seins ist.

166. Geschichte

Vergangenes und Gewesenes; Vorbeigehendes (Historisches) und Sein; das Unvergängliche *nicht* als das leere Selbe – Bleibende.

Das *»Unvergängliche«* meist nur das aufgesteigerte *Vergänglichste*.

Das Unvergängliche nicht solches, weil es *bleibt*, sondern außerhalb des Vorbeigangs von Seiendem und seiner als des Beständigen.

167. Der Übergang
(*Geschichte* und Anfang)

Der Übergang vom ersten in den anderen Anfang.
Der erste liegt nicht vor und der andere steht nicht bereit.
(Übergang als Überwindung der Metaphysik).
In den ersten muß der Übergang erst zurückgehen (Auslegung) und zu dem anderen muß der Übergang vorgehen.
Die Einzigkeit der Geschichtlichkeit dieses Übergangs.
Hölderlin und die Bereitung des Kommenden.
Im Übergang west die Sammlung des Gewesenen (in seinem Ende) *und* des Kommenden in seiner Bereitung.
Das Ende als die Unanfänglichkeit des Anfangs;
der Anfang läßt sich los in sein Unwesen.

168. Geschichte
Anfänglichkeit und Geschichtlichkeit
Entscheidung des Wesens der Wahrheit

Geschichte – ihre *Stetigkeit* bestimmt sich aus der Einzigkeit des Anfänglichen.

Das je Anfängliche; *das jedesmal* Erste.
Aber das »Verhältnis« der Anfänge?
Nicht *historisch rechnen*!
und alle vergegenständlichen!

169. Geschichte

Die Zerklüftung der An-fänge;
das Selbe in der Zerklüftung.

170. Geschichte

Das Einmalige ist nicht schon das *Einzige* im Sinne des Wesenhaften eines *Anfangs.*

Das Einmalige gehört in das Vielmalige, wo von Mal zu Mal schon der Bogen der Berechnung und Rechnung und Erkundung gespannt ist.

Das Einmalige ist Gegenstand der Historie.

Das Einzige aber in die Einheit der Selbigkeit des je anfangenden Anfangs.

171. Anfang – Fortgang – Untergang – Übergang

Anfang
Fortgang
Untergang Beginn – Ende
Übergang
Alles je anfänglich erfahren, nie als auseinandergefaltete Folge.

VI. SEIN UND ZEIT
UND
DAS ANFÄNGLICHE DENKEN
ALS GESCHICHTE DES SEYNS

172. Sein und Zeit

Das seynsgeschichtlich anfängliche Denken dessen, was dieser Titel als Erfragung nennt, kann das anfängliche Fragen also sagen:

Sein und Zeit ist das Selbe.
Sein ist der Anfang.
Zeit ist der Anfang.
Die Anfängnis des Anfangs.

Alle Zeichen deuten darauf hin, daß das Zeitalter nicht reif ist, die Mitteilung einer Selbstkritik von »Sein und Zeit«[1] (1936) aufzunehmen; denn sie würde diese »Kritik« nur als willkommene Bestätigung ihrer Verdächte und Ablehnungen »verarbeiten« und als gute Gelegenheit, auf die Rückfälligkeit aller Metaphysik noch einmal zurückzufallen und als Anlaß, von jedem Versuch eines Absprungs in das Anfängliche sich loszusprechen.

173. Das seynsgeschichtliche Denken und die absolute Metaphysik

Nachdem erst einmal die Frage nach der Wahrheit des Seins überhaupt gefragt ist (»Sein und Zeit«), kann man dann leicht, in der üblichen Weise des Nachklappens, dieses Fragen »schon« bei früheren Denkern finden. Wäre es findbar, d.h. wäre es dort »schon« gewesen, dann wäre ihr Denken nicht mehr Metaphysik. (Anmerkung für die Gelehrteneitelkeit: es handelt sich hier nicht um eine Prioritätsfrage).

Woran liegt es aber, daß man z.B. finden kann, bei Hegel und von Hegel sei nach der Wahrheit des Seins gefragt?

Hier ist das absolute Seiende der Geist als sich selbst wissender

[1] Vorgesehen für Band 82 der Gesamtausgabe.

bei sich selbst und d.h. in seinem »Sein« (»Wirklichkeit«!). Man bedenke wohl, daß Hegel hier im Absoluten von »Wirklichkeit« spricht – ein vielfach gewandelter Wesensbegriff, der zur ἐνέργεια gehört.

So ist in gewisser Weise mit absolutem Seienden das »Sein« gewußt und dieses Wissen der Gewißheit ist je das Sein und die Wahrheit der neuzeitlichen Metaphysik, die *da*her ihren Wesensgrund hat, daß, wie vordem, in ihr vollends nie die Frage nach dem Sein gestellt wurde. Wie also gar noch je die *Wahrheit* des *Seyns*??

174. Der deutsche Idealismus und das seynsgeschichtliche Denken

Nach der Art des Vorgehens sieht es so aus, als halte sich »Sein und Zeit« im »transzendentalen« Fragen; die unmittelbar folgenden Schriften bekräftigen diesen Eindruck.

Wenn nun diese Stellung von »Sein und Zeit« aufgegeben ist, dann drängt sich ein neuer Schein vor. Es scheint, daß das Transzendieren des Transzendentalen notwendig zu Hegel führt und das seynsgeschichtliche Denken nur eine Abwandlung der absoluten Metaphysik ist.

Das alles wäre Irrmeinung. »Sein und Zeit« hält sich nur aus Not in der Möglichkeitsfrage. Wesentlich aber ist doch, daß dort *aus dem Seyn* zu denken versucht wird.

Dagegen denkt Kant vom Gegenstand auf die Gegenständlichkeit, und diese denkt er aus der Seiendheit des Seienden. Für Hegel und Schelling bleibt all dieses erhalten, wenngleich ins Unbedingte gewendet.

Hegel denkt nie aus dem Seyn und seiner Wesung her auf das Seiende, sondern aus dem Seiendsten und innerhalb seiner (dem absoluten Geist immer nur die Seiendheit; vgl. die »Logik« als Metaphysik).

Nun ist aber doch die Vollendung der Metaphysik (Hegel –

Nietzsche) dem Übergang in die Überwindung am nächsten. Daher liegt es nahe, den Übergang als Abartung der Vollendung zu nehmen. Man kann »historisch« so verfahren und sich die Sachlage an historisch zugänglichen, vermeintlich bekannten Grundstellungen näher bringen. Aber das alles trifft nicht ins Wesentliche.

Hegel zu Hilfe rufen, um sich das seynsgeschichtliche Denken »klar« zu machen, heißt das Feuer aus dem Wasser gewinnen wollen.

Hegel hat das Transzendentale überdies nie überwunden, sondern erst zur metaphysischen Auswirkung gebracht; denn die »Bedingungen der Möglichkeit« werden rein begreifbar erst aus dem Unbedingten.

Aber alle *»Bedingnis«*[a] ist abgründig verschieden vom *Er-eignis.*

Die *Überwindung* der Metaphysik ist keine Negation und Aufhebung; in ihr gelangt das Gewesene ins Wesen und bleibt doch erinnert.

175. Sein und Zeit

Durch eine Erläuterung soll nicht die Irrmeinung aufkommen, damals sei schon dieses im Wissen gewesen, dem jetzt das Denken einzig zugewiesen ist: aus dem Seyn und der Wesung seiner Wahrheit anfänglich zu sagen.

Nur das Eine war damals schon deutlich und fest, daß der Weg in die Wahrheit des Seins auf ein Ungefragtes zugehe und im Bisherigen keine Stütze mehr finden könne, da andere Pfade zu erfragen seien.

Gleichwohl wurden zunächst noch Stützen aus der Metaphysik entliehen und im Vorgehen fast so Etwas versucht wie eine Überwindung der Metaphysik durch die Metaphysik.

[a] hier als Bedingung, nicht Ereignis des Dinges.

Das Andere ist noch als Metaphysik gesucht in dem weitesten Sinne der vieldeutigen »Seinsfrage«, obgleich in Wahrheit durch die Fragerichtung schon alle Metaphysik übersprungen ist.

Der Versuch, über das »Existenzielle« zu den »Existenzialien« hinauszukommen und nur diese, d.h. Seinshaftes zu denken und nicht ein Seiendes zu betreiben, ist ein unzureichendes Bemühen, die Seinsfrage auch in Bezug auf den Menschen sogleich im Bereich der Frage nach dem »Sinn von Sein«, d.h. nach der Wahrheit des Seins zu halten.

Trotzdem hätte »man« doch wenigstens fragen sollen, was diese »Existenzialien« sollen, statt einfach alles durcheinanderzuwirbeln und sich an den Namen Kierkegaard zu halten wie an einen Fetisch, der alles Fragen überflüssig macht.

Diese Verwirrung hat nun auch dafür gesorgt, daß vor allem das geschichtliche Wesen Kierkegaards verschlossen bleibt, das nur wißbar wird, wenn die Auffassung darauf verzichtet, Schemata und Vorbilder einer Theologie oder von Philosophen ihm als Maßstäbe anzutragen.

Demgegenüber ist der »Schaden« der Mißdeutung von »Sein und Zeit« gering.

176. Sein und Zeit und *das anfängliche Denken*

Sein und Zeit ist ein Weg zu der Stelle, von der aus erst der Absprung in das inständliche Denken gewagt werden konnte.

Sein und Zeit ist nicht schon dieser Absprung selbst.

Sein und Zeit ist nicht einmal schon die klar wissende Vorbereitung dieser Stelle.

Sein und Zeit ist ein »Unterwegs« – das zwar das Sein erfragt, aber noch nicht weiß, was einmal vom Denken gefordert wird.

Das anfängliche Denken des Seins, aus der Ereignung des Da-seins, ist aber auch keine Umkehrung des bisherigen Denkens. Umkehrungen sind nur Verstrickungen (vgl. die Kopernikanische Wendung).

Der andere Anfang – ist nicht bloße Umkehrung, sondern ist *Anfänglichkeit*, aber deshalb gerade Zugehörigkeit in den ersten Anfang. Erst müssen wieder Denker sein, die einfach genug denken, um das Selbe denken zu können.

NACHWORT DER HERAUSGEBERIN

Das Manuskript »Über den Anfang« aus dem Jahre 1941, das hier aus dem Nachlaß als Band 70 der Gesamtausgabe erscheint, setzt die mit den »Beiträgen zur Philosophie« (1936–38) beginnende Reihe der großen seinsgeschichtlichen Abhandlungen fort.

Die Handschrift, auf deren Titelblatt Heidegger notiert hat: Sommer 1941, besteht aus DIN A5 Blättern, zu denen wenige Zettel im DIN A6 Format hinzukommen. Neben der Handschrift stand der Herausgeberin die maschinenschriftliche Abschrift von Fritz Heidegger zur Verfügung, die aus 188 durchnumerierten Seiten besteht. Die Seitenzählung dieser Abschrift wurde von Fritz Heidegger auf der Handschrift links oder gelegentlich auch rechts oben notiert.

Die Handschrift setzt sich aus sechs Teilen (Kapiteln) zusammen, die sich jeweils in einem Umschlag mit Titelaufschrift befinden und die teilweise in Unterkapitel und insgesamt in 176 Abschnitte gegliedert sind. Alle Titel der Kapitel, Unterkapitel und Abschnitte stammen von Heidegger selbst. Die römische Bezifferung der Kapitel findet sich zwar nicht in der Handschrift, wohl aber in der Maschinenabschrift. Die Kapitel III und IV sind durchgehend in Unterkapitel gegliedert, die im vorliegenden Band mit lateinischen Großbuchstaben gekennzeichnet werden. Da aber die Kapitel I und V keine durchgehende Gliederung in Unterkapitel aufweisen, wurden deren gelegentliche Zwischentitel nicht mit fortlaufenden Großbuchstaben gezählt. Die Abschnitte sind weder in der Handschrift noch in der Maschinenabschrift durchgezählt. Sie werden aber hier im Druck, wie in den schon veröffentlichten seinsgeschichtlichen Abhandlungen, durchgehend mit arabischen Ziffern versehen. Besteht ein Abschnitt aus mehr als einem handschriftlichen Blatt, so findet sich eine innere Abschnittzählung oben rechts entweder mit arabischen Ziffern oder mit kleinen (gelegentlich auch mit großen) lateinischen Buchstaben.

Für die Edition des Bandes wurde die Maschinenabschrift mit der Handschrift kollationiert. Die Absatzgliederung wurde unverändert übernommen. Ein in der Abschrift ausgelassener Satz wurde aus der Handschrift aufgenommen, wenige Verlesungen korrigiert, die Zeichensetzung überprüft und in einzelnen Fällen ergänzt. Unterschiedliche und eigentümliche Schreibweisen Heideggers wurden übernommen, unübliche Abkürzungen dagegen aufgelöst. Die öfter vorkommenden Abkürzungen »e.A.« für »erster Anfang« und »a.A.« für »anderer Anfang« wurden beibehalten. Unterstreichungen in der Handschrift sowie Sperrungen in der Maschinenabschrift erscheinen im Druck als Kursive.

Sechs Randbemerkungen Martin Heideggers, die aus anderen Kopien derselben Abschrift stammen, werden in den mit lateinischen Kleinbuchstaben gekennzeichneten Fußnoten wiedergegeben. Hinweise auf eigene Schriften Heideggers sind in den mit arabischen Ziffern gekennzeichneten Fußnoten durch Angaben des jeweiligen Bandes der Gesamtausgabe ergänzt. Hinweise auf Schriften anderer Autoren wurden überprüft und bibliographisch vervollständigt.

Die auf den Seiten 2 und 3 des Bandes abgedruckten Texte sind in leicht abgewandelter Form bereits veröffentlicht in: Aus der Erfahrung des Denkens. Gesamtausgabe Band 13. Hrsg. v. Hermann Heidegger. Frankfurt a.M. 1983, S. 31 und 30.

*

Die Abhandlung »Über den Anfang« gehört in den sachlichen Umkreis der »Beiträge zur Philosophie« und versteht sich wie die Manuskripte »Besinnung« (1938/39), »Die Überwindung der Metaphysik« (1938/39), »Die Geschichte des Seyns« (1938/40), »Das Ereignis« (1941/42) und »Die Stege des Anfangs« (1944) als Versuch, das in den »Beiträgen« erstmals umrissene Gefüge des seynsgeschichtlichen Denkens in einem neuen Anlauf zu eröffnen. Während die »Beiträge« das Denken des Übergangs vom »ersten« in den »anderen Anfang« in der Zusammengehörigkeit der sechs Fügungen »Der Anklang«, »Das Zuspiel«, »Der Sprung«, »Die Gründung«, »Die Zukünftigen« und »Der letzte Gott« entfalten, denkt »Über den Anfang« das übergängliche Gefüge des Ereignisses am Leitbegriff der »Anfängnis«. Anfängnis ist Heideggers Wort für die je einzigartige Weise des Anfangens eines Anfangs, für die geschichtliche »Wesung« des Anfangs in seiner jeweiligen Einzigkeit. Das Anfängliche des Anfangs ist aber nichts, was außerhalb des Anfangs selbst denkerisch ausfindig gemacht werden könnte. Die Anfängnis ist keine »Regel« und kein »Gesetz«, das »über« dem Anfang und außerhalb des Anfangs waltet. Die Anfängnis ist das Er-eignis als die jeweilige »Zerklüftung« der Einzigkeit des Anfangens, das Sichunterscheiden und Auseinandergehen einer geschichtlichen Lichtung, die als anfängliche Wesung der Wahrheit in sich zugleich »Verbergung in den Abschied« ist. Im Eröffnen des übergänglichen Ortes einer Besinnung auf den Anfang ist das Denken der Anfängnis ein »Ahnen«, das in der Erinnerung an den »ersten Anfang« in den »anderen Anfang« vordenkt, in jene Anfänglichkeit, deren Wesung sich aus dem eigens eröffneten Er-eignis bestimmt.

*

Dem Nachlaßverwalter, Herrn Dr. Hermann Heidegger, danke ich herzlich für das mir mit der Übertragung der Herausgabe dieses Bandes entgegengebrachte Vertrauen sowie für die Überprüfung der Satzvorlage. Desgleichen bedanke ich mich herzlich bei Frau Jutta Heidegger für das Nachkollationieren der Satzvorlage sowie für das sorgsame Mitlesen der Satzfahnen. Für die Hilfe beim Kollationieren des Textes und der handschriftlichen Randbemerkungen sowie für die Begleitung und Beratung in allen Editionsfragen danke ich Herrn Prof. Dr. Friedrich-Wilhelm v. Herrmann besonders herzlich. Ihm, Herrn Dr. Hermann Heidegger sowie Herrn Dr. Peter v. Ruckteschell sage ich meinen herzlichen Dank für die umsichtig ausgeführten Korrekturarbeiten.

Freiburg i. Br., im Herbst 2004 Paola-Ludovika Coriando

PLAN DER GESAMTAUSGABE

I. Abteilung: Veröffentlichte Schriften 1910–1976

1 Frühe Schriften (1912–1916)
Herausgeber: Friedrich-Wilhelm von Herrmann
1978. XII, 454 Seiten. Einzelausgabe bei: Vittorio Klostermann, Frankfurt am Main

2 Sein und Zeit (1927)
Herausgeber: Friedrich-Wilhelm von Herrmann
1977. XIV, 586 Seiten. Einzelausgabe bei: Max Niemeyer, Tübingen

3 Kant und das Problem der Metaphysik (1929)
Herausgeber: Friedrich-Wilhelm von Herrmann
1991. XVIII, 318 Seiten. Einzelausgabe bei: Vittorio Klostermann, Frankfurt am Main

4 Erläuterungen zu Hölderlins Dichtung (1936–1968)
Herausgeber: Friedrich-Wilhelm von Herrmann
1. Auflage 1981. 2. Auflage 1996. 208 Seiten
Einzelausgabe bei: Vittorio Klostermann, Frankfurt am Main

5 Holzwege (1935–1946)
Herausgeber: Friedrich-Wilhelm von Herrmann
1. Auflage 1977. 2. Auflage 2003. VIII, 382 Seiten
Einzelausgabe bei: Vittorio Klostermann, Frankfurt am Main

6.1 Nietzsche I (1936–1939)
Herausgeberin: Brigitte Schillbach
1996. XIV, 596 Seiten. Einzelausgabe bei: Günther Neske/Klett-Cotta, Stuttgart

6.2 Nietzsche II (1939–1946)
Herausgeberin: Brigitte Schillbach
1997. VIII, 454 Seiten. Einzelausgabe bei: Günther Neske/Klett-Cotta, Stuttgart

7 Vorträge und Aufsätze (1936–1953)
Herausgeber: Friedrich-Wilhelm von Herrmann
2000. VIII, 298 Seiten. Einzelausgabe bei: Günther Neske/Klett-Cotta, Stuttgart

8 Was heißt Denken? (1951–1952)
Herausgeberin: Paola-Ludovika Coriando
2002. VIII, 268 Seiten. Einzelausgabe bei: Max Niemeyer, Tübingen

9 Wegmarken (1919–1961)
Herausgeber: Friedrich-Wilhelm von Herrmann
1. Auflage 1976. 2., durchgesehene Auflage 1996. X, 488 Seiten. 3. Auflage 2004
Einzelausgabe bei: Vittorio Klostermann, Frankfurt am Main

10 Der Satz vom Grund (1955–1956)
Herausgeberin: Petra Jaeger
1997. VIII, 192 Seiten. Einzelausgabe bei: Günther Neske/Klett-Cotta, Stuttgart

11 Identität und Differenz (1955–1957)
1. Was ist das – die Philosophie? (1955); 2. Grundsätze des Denkens (1957); 3. Der Satz der Identität (1957); 4. Die onto-theo-logische Verfassung der Metaphysik (1957); 5. Zu Lebzeiten Heideggers veröffentlichte wichtige Briefe
Einzelausgabe bei: Günther Neske/Klett-Cotta, Stuttgart

12 Unterwegs zur Sprache (1950–1959)
Herausgeber: Friedrich-Wilhelm von Herrmann
1985. 262 Seiten. Einzelausgabe bei: Günther Neske/Klett-Cotta, Stuttgart

13 Aus der Erfahrung des Denkens (1910–1976)
Abraham a Sankta Clara (1910); Frühe Gedichte (1910–1916); Schöpferische Landschaft: Warum bleiben wir in der Provinz? (1933); Wege zur Aussprache (1937); Winke (1941); Chorlied aus der Antigone des Sophokles (1943); Zur Erörterung der Gelassenheit. Aus einem Feldweggespräch über das Denken (1944/45); Aus der Erfahrung des Denkens (1947); Der Feldweg (1949); Holzwege (»Dem künftigen Menschen ...«) (1949); Zu einem Vers von Mörike. Ein Briefwechsel mit Martin Heidegger von Emil Staiger (1951); Was heißt Lesen? (1954); Vom Geheimnis des Glockenturmes (1954); Für das Langenharder Hebelbuch (1954); Über die Sixtina (1955); Die Sprache Johann Peter Hebels (1955); Begegnungen mit Ortega y Gasset (1955); Was ist die Zeit? (1956); Hebel – der Hausfreund (1957); Aufzeichnungen aus der Werkstatt (1959); Sprache und Heimat (1960); Über Igor Strawinsky (1962); Für René Char (1963); Adalbert Stifter »Eisgeschichte« (1964); Wink in das Gewesen (1966); Die Kunst und der Raum (1969); Zeichen (1969); Das Wohnen des Menschen (1970); Gedachtes (1970); Rimbaud vivant (1972); Sprache (1972); Der Fehl heiliger Namen (1974); Fridolin Wiplingers letzter Besuch (1974); Erhart Kästner zum Gedächtnis (1975); Grußwort für Bernhard Welte (1976)
Herausgeber: Hermann Heidegger
1. Auflage 1983. 2., durchgesehene Auflage 2002. VIII, 254 Seiten

14 Zur Sache des Denkens (1962–1964)
Einzelausgabe bei: Max Niemeyer, Tübingen

15 Seminare (1951–1973)
Herausgeber: Curd Ochwadt
1986. 448 Seiten. Einzelausgabe bei: Vittorio Klostermann, Frankfurt am Main

16 Reden und andere Zeugnisse eines Lebensweges (1910–1976)
Herausgeber: Hermann Heidegger
2000. XXII, 842 Seiten

II. Abteilung: Vorlesungen 1919–1944

Marburger Vorlesungen 1923–1928

17 Einführung in die phänomenologische Forschung
(Wintersemester 1923/24)
Herausgeber: Friedrich-Wilhelm von Herrmann
1994. XIV, 332 Seiten

18 Grundbegriffe der aristotelischen Philosophie
(Sommersemester 1924)
Herausgeber: Mark Michalski
2002. XIV, 418 Seiten

19 Platon: Sophistes (Wintersemester 1924/25)
Herausgeberin: Ingeborg Schüßler
1992. XXXII, 668 Seiten

20 Prolegomena zur Geschichte des Zeitbegriffs
(Sommersemester 1925)
Herausgeberin: Petra Jaeger
1. Auflage 1979. 2., durchgesehene Auflage 1988
3., durchgesehene Auflage 1994. XII, 448 Seiten

21 Logik. Die Frage nach der Wahrheit
(Wintersemester 1925/26)
Herausgeber: Walter Biemel
1. Auflage 1976. 2., durchgesehene Auflage 1995
VIII, 418 Seiten

22 Die Grundbegriffe der antiken Philosophie
(Sommersemester 1926)
Herausgeber: Franz-Karl Blust
1. Auflage 1993. 2. Auflage 2004. XIV, 344 Seiten

23 Geschichte der Philosophie von Thomas von Aquin bis Kant
(Wintersemester 1926/27)
Herausgeber: Helmuth Vetter
In Vorbereitung für 2004/2005

24 Die Grundprobleme der Phänomenologie (Sommersemester 1927)
Herausgeber: Friedrich-Wilhelm von Herrmann
1. Auflage 1975. 2. Auflage 1989. 3. Auflage 1997. X, 474 Seiten

25 Phänomenologische Interpretation von Kants Kritik der reinen Vernunft (Wintersemester 1927/28)
Herausgeberin: Ingtraud Görland
1. Auflage 1977. 2. Auflage 1987. 3. Auflage 1995. XII, 436 Seiten

26 Metaphysische Anfangsgründe der Logik im Ausgang von Leibniz (Sommersemester 1928)
Herausgeber: Klaus Held
1. Auflage 1978. 2., durchgesehene Auflage 1990. VI, 292 Seiten

Freiburger Vorlesungen 1928–1944

27 Einleitung in die Philosophie (Wintersemester 1928/29)
Herausgeber: Otto Saame und Ina Saame-Speidel
1. Auflage 1996. 2., durchgesehene Auflage 2001. XII, 404 Seiten

28 Der deutsche Idealismus (Fichte, Schelling, Hegel) und die philosophische Problemlage der Gegenwart (Sommersemester 1929)
Im Anhang: Nachschrift »Einführung in das akademische Studium« (Sommersemester 1929)
Herausgeber: Claudius Strube
1997. XII, 368 Seiten

29/30 Die Grundbegriffe der Metaphysik. Welt – Endlichkeit – Einsamkeit (Wintersemester 1929/30)
Herausgeber: Friedrich-Wilhelm von Herrmann
1. Auflage 1983. 2. Auflage 1992. 3. Auflage 2004. XX, 544 Seiten

31 Vom Wesen der menschlichen Freiheit. Einleitung in die Philosophie (Sommersemester 1930)
Herausgeber: Hartmut Tietjen
1. Auflage 1982. 2., durchgesehene Auflage 1994. XII, 308 Seiten

32 Hegels Phänomenologie des Geistes (Wintersemester 1930/31)
Herausgeberin: Ingtraud Görland
1. Auflage 1980. 2. Auflage 1988. 3. Auflage 1997. VIII, 224 Seiten

33 Aristoteles, Metaphysik Θ 1–3. Von Wesen und Wirklichkeit der Kraft (Sommersemester 1931)
Herausgeber: Heinrich Hüni
1. Auflage 1981. 2., durchgesehene Auflage 1990. VIII, 228 Seiten

34 Vom Wesen der Wahrheit. Zu Platons Höhlengleichnis und Theätet (Wintersemester 1931/32)
Herausgeber: Hermann Mörchen
1. Auflage 1988. 2., durchgesehene Auflage 1997. X, 338 Seiten

35 Der Anfang der abendländischen Philosophie (Anaximander und Parmenides) (Sommersemester 1932)
Herausgeber: Heinrich Hüni
In Vorbereitung für 2005

36/37 Sein und Wahrheit
1. Die Grundfrage der Philosophie (Sommersemester 1933)
2. Vom Wesen der Wahrheit (Wintersemester 1933/34)
Herausgeber: Hartmut Tietjen
2001. XIV, 306 Seiten

38 Logik als die Frage nach dem Wesen der Sprache (Sommersemester 1934)
Auf der Grundlage der Vorlesungsnachschrift von Wilhelm Hallwachs herausgegeben von Günter Seubold
1998. VIII, 176 Seiten

39 Hölderlins Hymnen »Germanien« und »Der Rhein« (Wintersemester 1934/35)
Herausgeberin: Susanne Ziegler
1. Auflage 1980. 2., durchgesehene Auflage 1989.
3., unveränderte Auflage 1999. XII, 296 Seiten

40 Einführung in die Metaphysik (Sommersemester 1935)
Herausgeberin: Petra Jaeger
1983. X, 234 Seiten. Einzelausgabe bei: Max Niemeyer, Tübingen

41 Die Frage nach dem Ding.
Zu Kants Lehre von den transzendentalen Grundsätzen (Wintersemester 1935/36)
Herausgeberin: Petra Jaeger
1984. VIII, 254 Seiten. Einzelausgabe bei: Max Niemeyer, Tübingen

42 Schelling: Vom Wesen der menschlichen Freiheit (1809) (Sommersemester 1936)
Herausgeberin: Ingrid Schüßler
1988. X, 290 Seiten. Einzelausgabe bei: Max Niemeyer, Tübingen

43 Nietzsche: Der Wille zur Macht als Kunst
(Wintersemester 1936/37)
Herausgeber: Bernd Heimbüchel
1985. XII, 298 Seiten
Überarbeitete Fassung in »Nietzsche«. 2 Bde. bei Günther Neske/Klett-Cotta, Stuttgart

44 Nietzsches metaphysische Grundstellung im abendländischen Denken: Die ewige Wiederkehr des Gleichen
(Sommersemester 1937)
Herausgeberin: Marion Heinz
1986. VIII, 254 Seiten
Überarbeitete Fassung in »Nietzsche«. 2 Bde. bei Günther Neske/Klett-Cotta, Stuttgart

45 Grundfragen der Philosophie
Ausgewählte »Probleme« der »Logik« (Wintersemester 1937/38)
Herausgeber: Friedrich-Wilhelm von Herrmann
1. Auflage 1984. 2. Auflage 1992. XIV, 234 Seiten

46 Zur Auslegung von Nietzsches II. Unzeitgemäßer Betrachtung »Vom Nutzen und Nachteil der Historie für das Leben«
(Wintersemester 1938/39)
Herausgeber: Hans-Joachim Friedrich
2003. XII, 382 Seiten

47 Nietzsches Lehre vom Willen zur Macht als Erkenntnis
(Sommersemester 1939)
Herausgeber: Eberhard Hanser
1989. XVI, 330 Seiten
Überarbeitete Fassung in »Nietzsche«. 2 Bde. bei Günther Neske/Klett-Cotta, Stuttgart

48 Nietzsche: Der europäische Nihilismus (II. Trimester 1940)
Herausgeberin: Petra Jaeger
1986. XVI, 340 Seiten
Überarbeitete Fassung in »Nietzsche«. 2 Bde. bei Günther Neske/Klett-Cotta, Stuttgart

49 Die Metaphysik des deutschen Idealismus.
Zur erneuten Auslegung von Schelling: Philosophische Untersuchungen über das Wesen der menschlichen Freiheit und die damit zusammenhängenden Gegenstände (1809)
Herausgeber: Günter Seubold
1991. X, 210 Seiten

50 Nietzsches Metaphysik (für Wintersemester 1941/42 angekündigt, aber nicht vorgetragen)
Einleitung in die Philosophie – Denken und Dichten (Wintersemester 1944/45)
Herausgeberin: Petra Jaeger
1990. VIII, 162 Seiten, 2 Tafeln

51 Grundbegriffe (Sommersemester 1941)
Herausgeberin: Petra Jaeger
1. Auflage 1981. 2., durchgesehene Auflage 1991. X, 128 Seiten

52 Hölderlins Hymne »Andenken« (Wintersemester 1941/42)
Herausgeber: Curd Ochwadt
1. Auflage 1982. 2. Auflage 1992. X, 204 Seiten

53 Hölderlins Hymne »Der Ister« (Sommersemester 1942)
Herausgeber: Walter Biemel
1. Auflage 1984. 2. Auflage 1993. VIII, 210 Seiten

54 Parmenides (Wintersemester 1942/43)
Herausgeber: Manfred S. Frings
1. Auflage 1982. 2. Auflage 1992. XII, 252 Seiten

55 Heraklit. 1. Der Anfang des abendländischen Denkens (Sommersemester 1943)
2. Logik. Heraklits Lehre vom Logos (Sommersemester 1944)
Herausgeber: Manfred S. Frings
1. Auflage 1979. 2., durchgesehene Auflage 1987. 3. Auflage 1994. XII, 406 Seiten

Frühe Freiburger Vorlesungen 1919–1923

56/57 Zur Bestimmung der Philosophie
1. Die Idee der Philosophie und das Weltanschauungsproblem (Kriegsnotsemester 1919). 2. Phänomenologie und transzendentale Wertphilosophie (Sommersemester 1919). 3. Anhang: Über das Wesen der Universität und des akademischen Studiums (Sommersemester 1919)
Herausgeber: Bernd Heimbüchel
1. Auflage 1987. 2., durchgesehene und ergänzte Auflage 1999. X, 226 Seiten

58 Grundprobleme der Phänomenologie (Wintersemester 1919/20)
Herausgeber: Hans-Helmuth Gander
1992. X, 274 Seiten

59 Phänomenologie der Anschauung und des Ausdrucks. Theorie der philosophischen Begriffsbildung (Sommersemester 1920)
Herausgeber: Claudius Strube
1993. VIII, 202 Seiten

60 Phänomenologie des religiösen Lebens. 1. Einleitung in die Phänomenologie der Religion (Wintersemester 1920/21)
Herausgeber: Matthias Jung und Thomas Regehly
2. Augustinus und der Neuplatonismus (Sommersemester 1921).
3. Die philosophischen Grundlagen der mittelalterlichen Mystik (Ausarbeitung und Einleitung zu einer nicht gehaltenen Vorlesung 1918/19)
Herausgeber: Claudius Strube
1995. XIV, 352 Seiten

61 Phänomenologische Interpretationen zu Aristoteles. Einführung in die phänomenologische Forschung (Wintersemester 1921/22)
Herausgeber: Walter Bröcker und Käte Bröcker-Oltmanns
1. Auflage 1985. 2., durchgesehene Auflage 1994. XIV, 204 Seiten

62 Phänomenologische Interpretationen ausgewählter Abhandlungen des Aristoteles zu Ontologie und Logik (Sommersemester 1922). Anhang: Phänomenologische Interpretationen zu Aristoteles (Anzeige der hermeneutischen Situation). Ausarbeitung für die Marburger und die Göttinger Philosophische Fakultät (1922)
Herausgeber: Günther Neumann
In Vorbereitung für 2005

63 Ontologie. Hermeneutik der Faktizität (Sommersemester 1923)
Herausgeberin: Käte Bröcker-Oltmanns
1. Auflage 1988. 2. Auflage 1995. XII, 116 Seiten

III. Abteilung: Unveröffentlichte Abhandlungen Vorträge – Gedachtes

64 Der Begriff der Zeit (1924)
I. Die Fragestellung Diltheys und Yorcks Grundtendenz – II. Die ursprünglichen Seinscharaktere des Daseins – III. Dasein und Zeitlichkeit – IV. Zeitlichkeit und Geschichtlichkeit. Anhang: Der Begriff der Zeit. Vortrag vor der Marburger Theologenschaft Juli 1924
Herausgeber: Friedrich-Wilhelm von Herrmann
2004. VI, 134 Seiten

65 Beiträge zur Philosophie (Vom Ereignis) (1936–1938)
I. Vorblick – II. Der Anklang – III. Das Zuspiel – IV. Der Sprung – V. Die Gründung a) Da-sein und Seinsentwurf b) Das Da-sein c) Das Wesen der Wahrheit d) Der Zeit-Raum als der Abgrund e) Die Wesung der Wahrheit als Bergung – VI. Die Zukünftigen – VII. Der letzte Gott – VIII. Das Seyn
Herausgeber: Friedrich-Wilhelm von Herrmann
1. Auflage 1989. 2., durchgesehene Auflage 1994. 3., unveränderte Auflage 2003.
XVI, 522 Seiten

66 Besinnung (1938/39)
I. Einleitung – II. Der Vorsprung in die Einzigkeit des Seyns – III. Die Philosophie – IV. Zum Entwurf des Seyns – V. Wahrheit und Wissen – VI. Das Seyn – VII. Das Seyn und der Mensch – VIII. Das Seyn und der Mensch – IX. Der Anthropomorphismus – X. Geschichte – XI. Die Technik – XII. Historie und Technik – XIII. Seyn und Macht – XIV. Das Seyn und das Sein – XV. Das Denken des Seyns – XVI. Die Seynsvergessenheit – XVII. Die Seynsgeschichte – XVIII. Götter – XIX. Die Irre – XX. Zur Geschichte der Metaphysik – XXI. Die metaphysische Warumfrage – XXII. Seyn und »Werden« – XXIII. Das Sein als Wirklichkeit – XXIV. Das Seyn und die »Negativität« – XXV. Sein und Denken. Sein und Zeit – XXVI. Eine Sammlung des Besinnens – XXVII. Das seynsgeschichtliche Denken und die Seinsfrage – XXVIII. Der seynsgeschichtliche Begriff der Metaphysik
Im Anhang: Mein bisheriger Weg (1937/38)
Herausgeber: Friedrich-Wilhelm von Herrmann
1997. XIV, 438 Seiten

67 Metaphysik und Nihilismus. 1. Die Überwindung der Metaphysik (1938/39). 2. Das Wesen des Nihilismus (1946–1948)
Herausgeber: Hans-Joachim Friedrich
1999. XII, 274 Seiten

68 Hegel. 1. Die Negativität (1938/39). 2. Erläuterung der »Einleitung« zu Hegels »Phänomenologie des Geistes« (1942)
Herausgeberin: Ingrid Schüßler
1993. X, 154 Seiten

69 Die Geschichte des Seyns
1. Die Geschichte des Seyns (1938/40)
2. Κοινόν. Aus der Geschichte des Seyns (1939)
Herausgeber: Peter Trawny
1998. XII, 230 Seiten

70 Über den Anfang (1941)
I. Die Anfängnis des Anfangs – II. Anfang und das anfängliche Denken – III. Ereignis und Da-sein – IV. Bemerkungen über das Auslegen – V. Die Seynsgeschichte – VI. Sein und Zeit und das anfängliche Denken als Geschichte des Seyns
Herausgeberin: Paola-Ludovika Coriando

71 Das Ereignis (1941/42)
Vorworte – Der erste Anfang – Der Anklang – Der Unterschied – Die Verwindung – Das Ereignis. Der Wortschatz seines Wesens – Das Ereignis – Das Ereignis und das Menschenwesen – Das Daseyn – Der andere Anfang – Weisungen in das Ereignis – Das seynsgeschichtliche Denken (Dichten und Denken)
Herausgeber: Friedrich-Wilhelm von Herrmann

72 Die Stege des Anfangs (1944)
Herausgeber: Friedrich-Wilhelm von Herrmann

73 Zum Ereignis-Denken

74 Zum Wesen der Sprache
Herausgeber: Thomas Regehly

75 Zu Hölderlin – Griechenlandreisen
Herausgeber: Curd Ochwadt
2000. VI, 408 Seiten

76 Zur Metaphysik – Neuzeitlichen Wissenschaft – Technik
Herausgeber: Claudius Strube

77 Feldweg-Gespräche (1944/45)
I. Ἀγχιβασίη. Ein Gespräch selbdritt auf einem Feldweg zwischen einem Forscher, einem Gelehrten und einem Weisen
2. Der Lehrer trifft den Türmer an der Tür zum Turmaufgang
3. Abendgespräch in einem Kriegsgefangenenlager in Rußland zwischen einem Jüngeren und einem Älteren
Herausgeberin: Ingrid Schüßler
1995. VI, 250 Seiten

78 Der Spruch des Anaximander (1946)
Herausgeberin: Ingeborg Schüßler

79 Bremer und Freiburger Vorträge
1. Einblick in das was ist. Bremer Vorträge 1949. Das Ding – Das Ge-stell – Die Gefahr – Die Kehre. 2. Grundsätze des Denkens. Freiburger Vorträge 1957
Herausgeberin: Petra Jaeger
1. Auflage 1994. 2., durchgesehene Auflage 2005. VI, 182 Seiten

80 Vorträge
u. a.: Frage und Urteil (Vortrag im Rickert-Seminar 10. Juli 1915) – Wahrsein und Dasein. Aristoteles, Ethica Nicomachea Z (Vortrag in der Kant-Gesellschaft Köln WS 1923/24) – Kasseler Vorträge (1925) – Begriff und Entwicklung der phänomenologischen Forschung (Vortrag im Marburger kulturwissenschaftlichen Kränzchen 4. Dezember 1926) – Phänomenologie und Theologie. I. Teil: Die nichtphilosophischen als positive Wissenschaften und die Philosophie als transzendentale Wissenschaft (Vor-

trag vor der evangelischen Theologenschaft in Tübingen 8. Juli 1927) – Die heutige Problemlage der Philosophie (Vortrag in der Kantgesellschaft Karlsruhe 4. Dezember 1929 und vor der wissenschaftlichen Vereinigung zu Amsterdam 21. März 1930) – Philosophische Anthropologie und Metaphysik des Daseins (Vortrag in der Kantgesellschaft Frankfurt 24. Januar 1929) – Hegel und das Problem der Metaphysik (Vortrag in der wissenschaftlichen Vereinigung zu Amsterdam 22. März 1930) – Augustinus: Quid est tempus? Confessiones lib. XI (Vortrag in Beuron 26. Oktober 1930) – τὸ ψεῦδος (Vortrag im Freiburger Kränzchen 22. Juli 1932) – Der Satz vom Widerspruch (Vortrag im Freiburger Kränzchen 16. Dezember 1932) – Das Dasein und der Einzelne (Vortrag Zürich 18. Januar 1936) – Europa und die deutsche Philosophie (Vortrag im Kaiser-Wilhelm-Institut Bibliotheca Hertziana Rom 8. April 1936) – Von der Grundbestimmung des Wissens (Vortrag im Freiburger Kränzchen 9. Juni 1939) – Der Spruch des Parmenides (Vortrag im Freiburger Kränzchen Juni 1940) – Zur Geschichte des Existenzbegriffs (Vortrag im Freiburger Kränzchen 7. Juni 1941) – Über die Bestimmung der Künste im gegenwärtigen Weltalter (Vortrag in Baden-Baden Haus Schweizer 7. und 8. Mai 1959) – Max Kommerell (Vortrag in der Gedächtnisfeier für Max Kommerell 27. Februar 1962) – Überlieferte Sprache und technische Sprache (Vortrag auf dem Lehrgang für Gewerbeschullehrer auf der Comburg 18. Juli 1962) – Bemerkungen zu Kunst – Plastik – Raum (Vortrag St. Gallen 3. Oktober 1964) – Die Herkunft der Kunst und die Bestimmung des Denkens (Vortrag in der Akademie der Wissenschaften und Künste in Athen 4. April 1967) – Die Bestimmung der Sache des Denkens (Vortrag 19. Juli 1967 in Kiel zu W. Bröckers 65. Geburtstag)
Herausgeber: Hartmut Tietjen

81 Gedachtes
I. Frühe unveröffentlichte Gedichte
u. a.: Ich mied der Gottesnähe heldenschaffende Kraft – Fernes Land – Hast die Sonne du verloren
II. Aus der Erfahrung des Denkens
u. a.: Auf dem Heimweg – Der Ring des Seyns – Wende – Dann sind wir bedacht – Amo: volo ut sis – Sonata sonans – Ankunft – Winke – An-fang und Beginn im Ereignis »der« Freyheit – Aus der Werkstatt – Hütte am Abend – Pindari Isthmia V, 1-16 – Ἡράκλειτος ὁ σκοτεινός. Dem Freunde zu Weihnachten 1946 – Furchen
III. Gedachtes für das Vermächtnis eines Denkens
u. a.: Lerchensporn – Wage den Schritt – ... durchrasend die Irrnis – Seynsfuge – Tod – Nichtendes Nichts – Gegnet noch Gegend – Die Nähe des letzten Gottes – Der Schritt zurück – Vermächtnis der Seynsfrage
Herausgeberin: Paola-Ludovika Coriando

IV. Abteilung: Hinweise und Aufzeichnungen

82 Zu eigenen Veröffentlichungen

83 Seminare: Platon – Aristoteles – Augustinus
Herausgeber: Mark Michalski

84 Seminare: Leibniz – Kant
Herausgeber: Hans-Helmuth Gander

85 Seminar: Vom Wesen der Sprache
Die Metaphysik der Sprache und die Wesung des Wortes.
Zu Herders Abhandlung »Über den Ursprung der Sprache«
Herausgeberin: Ingrid Schüßler
1999. XII, 220 Seiten

86 Seminare: Hegel – Schelling
Herausgeber: Peter Trawny

87 Seminare: Nietzsche
Herausgeber: Peter von Ruckteschell
2004. XXII, 324 Seiten

88 Seminare: 1. Die metaphysischen Grundstellungen des abendländischen Denkens. 2. Einübung in das philosophische Denken
Herausgeber: Alfred Denker

89 Zollikoner Seminare
Herausgeber: Claudius Strube

90 Zu Ernst Jünger
Herausgeber: Peter Trawny
2004. XVI, 472 Seiten

91 Ergänzungen und Denksplitter

92 Ausgewählte Briefe I

93 Ausgewählte Briefe II

94 Überlegungen II–VI

95 Überlegungen VII–XI

96 Überlegungen XII–XV

97 Anmerkungen II–V

98 Anmerkungen VI–IX

99 Vier Hefte I – Der Feldweg
Vier Hefte II – Durch Ereignis zu Ding und Welt

100 Vigilae I, II

101 Winke I, II

102 Vorläufiges I–IV